日本刺身料理进阶全书

進化する刺身料理

[日] 大田忠道 著　梁京 译

中国轻工业出版社

前言

现在，让我们进入刺身料理的世界

制作刺身时所使用的鱼的产季与鲜度决定了刺身的口感。这个标准同时也是在制作日本料理时所必须要遵守的。然而随着现代养殖技术的进步，反季节的鱼贝类不断增多。物流的完善也使得人们可以从全国各地采购不同品种的鱼类。基于这点，刺身料理的种类也变得更加多元化。

刺身料理在食客中拥有很高的人气，一道好的刺身料理能够为店铺赢得好评。但是，众多的和食店和居酒屋并没有为食客提供更多的可供选择的刺身料理，仅提供金枪鱼、鲷鱼和墨鱼等单品刺身料理或由三五种海鲜组合成的刺身料理。所以，为了使所经营的店铺有别于其他店铺，需要掌握不同刺身的做法、在制作过程中用到尽量丰富的食材、在烹饪手法上动些脑筋、用刺身用腌制酱油来给刺身调味等，以各种不同构思研发出创新刺身料理。

不同烹饪手法会使生鱼片料理变得更加多元化

鱼片不仅可以生吃，在经过精心烹饪后更能展示出更加独特的魅力。比较传统的有用醋腌制、用海带腌制、汆烫等烹饪技法。加入柚子醋、腌泡汁、芝麻酱油、酒曲等新材料，将炙烤、熏制等烹饪技法进行创新，使得鱼片的口味变得越来越多元化。

不单单是使用腌制酱油、刺身酱油和柠檬醋这些配料、西式、中式和韩式配料以及法国、意大利和亚洲风味的辣椒油、沙拉调味汁的使用，也使刺身的口味越来越丰富。

不仅是制作刺身，制作拌菜、做成沙拉和使用腌泡汁也给鱼片赋予了崭新的风味。

鱼片也可以与其他食材一同烹饪，如做成蔬菜鱼片卷，或搭配水果、奶酪、酱鹅肝等食物一同食用。如今可以买到的食材真的十分丰富。

通过摆盘和烹饪技法的展示来吸引食客

料理摆盘是一门很讲究的手艺，在当今刺身料理制作中也是比较重要的环节。尤其会吸引那些吃饭时喜欢拍照的食客。

食材的颜色搭配、使用的器具都会给食客留下不同的印象。将刺身穿成串，更能给食客带来乐趣。所以，如何将刺身的制作方法进行创新、如何使料理的制作方法不再守旧，对餐饮店的经营者而言格外重要。

大田忠道

  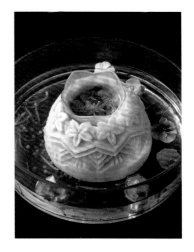

目录

第一章　颇具人气的刺身料理

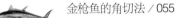

第二章　小钵装刺身料理拼盘

阅读本书前

本书的构成

- 第一章介绍了颇具人气的刺身料理。
- 第二章介绍了小钵装刺身料理拼盘。
- 第三章介绍了刺身的制作方法以及必要的鱼贝类搭配方法，刺身刀工、食材搭配和腌酱油的制作。
- 第四章介绍了前文介绍过的料理所需食材和做法。

鱼贝类食材记录

- 关于鱼贝的称呼，书中尽量使用标准名称，只有一少部分食材使用地方名称。

刺身用语

- "切好的鱼身"指连同脊骨和小骨全部去除后的鱼身，"去皮鱼身"指处理后，去皮的鱼身。
- "处理好的鱼身"，指将鱼肉切成合适大小，并摆放整齐。

- "上身、下身"指当鱼头朝向左，腹部对着自己时，上侧为上身，下侧为下身。

料理用语

- "汤汁"，是指用海带和干松鱼等熬出的调味汁。取海带20g，加入1L水，中火煮2~3小时，即将煮开时将海带取出，水煮开后放入干松鱼30g，关火。撇出浮沫，待干松鱼沉底后，将其滤出。
- 稀释盐水，指等同于海水盐度的盐水。
- 稀释酒，指酒精浓度为10%的酒。
- 八方汁，指为用作配菜的蔬菜调味时使用的调味汁。制作时，取用海带调味汁4杯，放入4/5茶匙盐，1茶匙酒，1/2汤匙淡口酱油，搅拌。可以依据自身口味改变计量。
- 内文中所出现的1杯为200mL、1汤匙为15mL、1茶匙为5mL。也可根据个人的口味调整使用量。

第一章
颇具人气的刺身料理

日本四面环海，全国各地都有极具特色的鱼贝类。用应季的鱼贝做成刺身足以体现日本料理的精髓。了解每种鱼贝的特点，才能做出充分展示食材特色的刺身。掌握这样的手艺，就能使刺身料理展现出更多魅力。

真鲷鱼

真鲷鱼又称加吉鱼，上等的真鲷鱼吃起来口感妙不可言。肉质肥美、富有弹性、易于食用，更适合做成刺身。烹饪前，需将其切成薄片。野生的真鲷价格虽然昂贵，但养殖量巨大，是一年四季都可以选用的食材。

真鲷和竹皮裹熏鱼

用稻草将带皮的真鲷熏至表面变得焦熟，然后以极快的速度放入冰水中，使鱼皮紧缩，与准备好的竹笋、黄瓜香、紫萁一同熏烤。待竹皮松软，烟熏味与菜香飘出即可食用。虽与生的刺身大有不同，但因为有了野菜的衬托，这道料理的口感与味道仍是一绝。制作时，可以选用蛋黄香醋和芝麻酱等较浓的调和醋来代替腌酱油。

制作方法见P178

真鲷鱼

真鲷刺身

　　使用平切、削切等不同的刀工技法，会使同样的鱼类呈现不同的口感，也会使鱼呈现出不同的美味。真鲷肉质鲜美，鱼皮用开水焯过后更加诱人。单品摆盘的时候，可以同时选用多种不同的配菜来改变口味。

制作方法见P178
注：平切、削切，详见本书P160、P163。

制作方法见P178

**薄切真鲷、
酱油冻**

在酱油冻上将真鲷薄片摆成一朵盛开的花，在中心放上用鲷鱼片摆成的花朵，同时搭配摆成花样造型的食材，使这道料理更有美感。酱油冻要做得入口即化，且咸度适中。

真鲷鱼

樱鲷的海鲜姿造

　　将樱花鲷鱼片摆成鱼类的造型是贺席餐桌上不可缺少的。削成樱花状的去皮甜瓜给这道料理增色不少。用萝卜、胡萝卜、黄瓜这三种色彩艳丽的配菜，更使这道料理呈现出极佳的视觉效果。

制作方法见P179

注：樱花盛开的时节，鲷鱼最是肥美，鲷鱼肉也如樱花一般粉嫩，此时捕获的真鲷也被称为"樱鲷"。

真鲷鱼

茶浸鲷鱼

在冰镇过的茶中浸入生鱼片，可将多余的脂肪和油腻去除。

用这种方法做出的鱼肉清淡爽口，适合在初夏季节食用。用绿枫叶装饰，更显清凉。也可以将生鱼片直接盛在冰块上。刺身酱油需另行准备。

制作方法见P179

制作方法见P179

真鲷的花式摆盘

将鲷鱼生鱼片摆放在烤至微微发焦的薄饼皮上。选择口感较好的蔬菜作为配菜，如果用薄饼卷起鲷鱼和蔬菜来吃，加上味道较浓的油，口感就会更好。这道料理别致的造型也是吸引食客的原因之一。

真鲷鱼

真鲷五色卷　　　　将青柚子、酱油、芥末、梅肉、岩紫菜这五种口味的蔬菜卷用鲷鱼刺身一一包裹。用海带汁、吉利丁做成冻，衬托鱼肉的清香，更能凸显出鱼肉的口感。

制作方法见P180

制作方法见P180

头盔造型真鲷

端午时节，用杂柑做成头盔状放在容器里，再将真鲷切片摆成花的造型放入其中。日本料理最擅长使用配菜来表现季节和节气活动。在这里，可以将刺身摆成青竹等别出心裁的造型，来博得小孩子们的欢心。

真鲷鱼

煎香菇、烤真鲷　　将片好的真鲷放在煎过的大香菇上烘烤，是能够使刺身的滋味变得绝妙的一种西式做法。在半生的状态下用火烤，烤至温热时再加些芝麻调味汁。可以多放些用来搭配的蔬菜。

制作方法见P180

比目鱼

肉色鲜白，口味清淡。鱼肉呈半透明状。肉质紧实，通常使用削切、薄切这两种方法进行处理。鱼身两侧鳍后的带肉脆骨嚼起来很有口感，为其赢得了颇高的人气，做成刺身也广为食客们所喜爱。最佳品尝季节为冬季。

比目鱼带肉脆骨

使用带肉脆骨制作而成的一种较为高档的摆盘。带肉脆骨口感紧实、有嚼劲，将食材切成网格状可以使食材更易于食用。可以选用紫色包菜和海藻提取物等配菜来增添新意，如做成春天蝴蝶在油菜花丛中飞舞的造型等。

制作方法见P181
注：削切、薄切。刀工技法，详见本书P163。

比目鱼

比目鱼薄片

　　将比目鱼片切成薄片后使用传统的放射型摆法摆入容器中。将每一片都切得薄厚均匀且摆放整齐，这个步骤十分考验厨师的技艺。作为开胃菜，将脊骨部分仔细素炸后，加入与主菜口味不同的调料。腌酱油可以依照自己的喜好选用柚子醋酱油或刺身酱油。

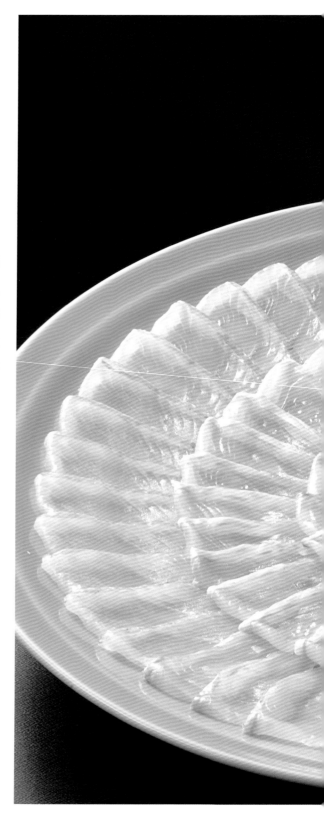

制作方法见P181

比目鱼

比目鱼三色砧卷　　　选用扁豆角、红辣椒、鸡蛋丝这三色食材与片好的比目鱼一同制成卷。小钵装刺身料理是醋拌凉菜和下酒小菜的一种。也可以将鱼块换成其他白身鱼。配菜选用萝卜，将已切成圆片的萝卜再切成细条，搭配甜醋一同食用，因此这里建议不使用腌酱油。

制作方法见P181

制作方法见P182

比目鱼缤纷蔬菜卷　　　　用生鱼片包裹秋葵、蘘荷、大野芋等蔬菜，健康又美味。选择与比目鱼的口感不同的蔬菜作为配菜。因为加入了较多蔬菜，这种做法的刺身使这道料理看上去更像是沙拉。推荐使用蛋黄醋和芝麻调味汁等口味较浓的调和醋和调味汁。

金目鲷

金目鲷的鱼肉一年四季油脂含量均衡，近年来为广大食客们所喜爱。金目鲷肉质可口，选用"烧霜"和"熏烤"这两种技法，可以充分激发出皮肉油脂的香味，无论老幼皆相当喜爱这道料理。这道刺身艳丽的色彩也能吸引食客的眼光。

金目鲷冷盘

打开容器盖的瞬间，金目鲷薄片、色彩斑斓的蔬菜、让人赏心悦目的金目鲷冷盘在烟雾中若隐若现。之所在会出现这样的效果，是因为干冰的加入。金目鲷味道鲜美，经过"烧霜"处理后，加入梅肉调味汁等调味汁，就可以细细地品尝了。

制作方法见P182
注："烧霜"，加工处理手法，详见本书P169。

金目鲷

金目鲷的氽烫做法　　油脂丰富的鱼类，非常适合氽烫这种料理手法。开水能使鱼肉变得松软，连鱼皮都会变得更有味道。用刀在鱼身上割出数道切口，会使鱼肉变得更易于食用。在切口处放上柑橘片，柑橘的香气与酸味便会融入鱼肉中。

制作方法见P182

烤金目鲷

　　宴席中的最后一道菜品，往往都会给食客留下深刻的印象。将金目鲷盛放在木板上，并在呈给食客之后炙烤。迸开的皮肉吱吱作响，经过烘烤后油脂浮在鱼肉表面。建议撒上适量的盐后食用。

制作方法见P183

梭子鱼

能够通过垂钓获得，所以在喜欢钓鱼的人群中很受欢迎。肉质细嫩，通常会被晒成鱼干。鱼肉味道可口，适用"烧霜"和"炙烤"这两种做法。撒上些许盐，能让鱼肉口感变得更加紧致，还能使鱼的味道更清香。

制作方法见P183
注：平切、削切法，详见本书P160、P163。

梭子鱼刺身

将梭子鱼的长下巴和形状可爱的鱼头一同装盘，能够给食客留下深刻的印象。将在夏季最肥美的梭子鱼与青色枫叶搭配，给人以凉爽的感觉。使用平切、削切这两种不同的处理方法会给料理带来不同的口感。推荐搭配刺身酱油一同食用。

牛尾鱼

肉质洁白，鱼身紧致，丰满而富有弹性，口感上佳。肉质在盛夏最为肥美。最为常见的食用方式是将鱼肉切成薄片置于冰水中食用。也可以使用"烧霜"的方法来使鱼皮变得更加鲜美。将切成薄片的牛尾鱼放入冰箱后，冷冻后的鱼皮就会变得紧绷，更容易用来制作刺身。

牛尾鱼的烧霜做法

牛尾鱼刺身是夏季不可缺少的一道料理。夏季天气炎热，在碎碎的冰碴上摆好翠竹，让生鱼片在上桌时仍能保持冰镇的状态。配菜选用黄瓜、大野芋等让人感到清新、凉爽的蔬菜。

制作方法见P183

高体鰤

高体鰤鱼和拉式鰤鱼同属鲹科，肉质紧实有嚼劲。除使用拉切法外，通常也使用削切法，或切成薄片。因为属于高级鱼，所以近年来很多人开始养殖。鱼肉油脂的含量四季均衡，为人们所喜爱。

平切鰤鱼

鱼肉稍有嚼劲，适合使用平切法将其切成薄片。摆盘后将生鱼片靠在淡竹上，使用浅盘时，也要多花些心思让其看起来有立体感。选用蘘荷、黄瓜、香味十足的蔬菜作为配菜。建议挤些酸橘汁，可以使口感更加清爽。

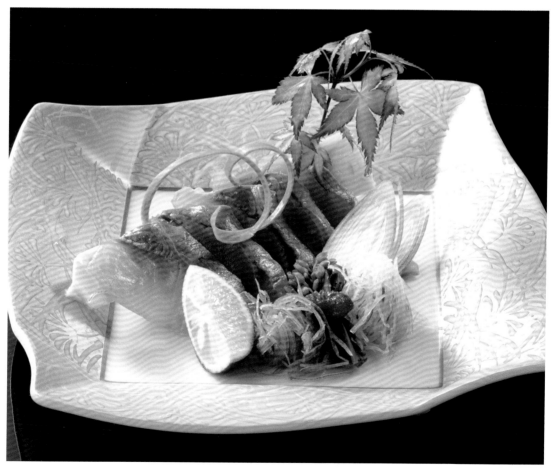

制作方法见P183

注：平切法详见本书P160。

黄带拟鲹

肉质洁白，略透明的鱼肉上带有些肉色，拉扯鱼皮会见到富有光泽的银皮，做成刺身后颜色也十分鲜艳。鱼肉富有弹性、肉质上乘，属于亚洲鱼中较高级的一类。野生鱼较为稀少，市场中贩卖的多为养殖鱼。

多彩黄带拟鲹刺身

为了映衬出银皮的美感，选用青竹并摆出立体感。为了让鱼肉口感更加富有弹性，可以把鱼肉片切得厚些。挤些酸橘汁在上边，可以激发出白身鱼的香味，建议使用刺身酱油。

制作方法见P184

鲉

其特征是一双睁大的眼睛。红烧是其较常见的做法，一般用来水煮，做成刺身也算是上品，鱼肉弹性十足，略带透明感，做成刺身不但美观，还能品尝到其清甜的味道及筋道的口感。使用烧霜技法。

造型生鱼片

将鲉鱼切成薄片后使用烧霜技法进行处理后，摆好造型。烧霜后的鱼肉更显纹理，口感也更有层次。配菜使用削好的蔬菜，更能提高整道料理视觉上的立体感。选用刺身酱油或柚子醋酱油。

制作方法见P184

鲐
（俗名敏鱼，鲹鱼）

鲐又叫敏鱼、鲹鱼，粗壮的外形是其特征。与其粗糙的外表正相反，其肉质口感细腻。肉量适中，所以通常片成薄片食用。背鳍含毒，处理时应先行剔除。鱼皮、内脏和鱼杂味道可口，请尽量不要浪费。

鲐鱼刺身、柚子醋酱油

鲐的美味口感可以媲美河豚。紧实而细嫩的鱼肉最适合片成薄片食用。鱼皮和肝脏同样可口，外皮和内皮经氽烫后摆入盘中，蘸食柚子醋口感更佳。将鱼头摆在盘中心，配菜单独盛放，更能凸显这道料理的与众不同。

制作方法见P184

太刀鱼

鱼身细长，通体泛着银色的光。这银色并非鳞片泛出的光，而是因为体内残留下了细长的银色鸟嘌呤色素。油脂较丰富，做成刺身后因鲜美的味道而为人们所喜爱。

太刀鱼刺身

将带皮鱼肉一层层地卷成卷。将烤后太刀鱼刺身摆成两种不同的形状。为凸显出刺身的造型，尽量少使用配菜。除刺身酱油外，还建议使用盐和酸橘、梅子酱油、蛋黄酱油等。

星鳗

制作寿司和天妇罗的常用食材，近年来，海鳗刺身的人气一直居高不下。口感略带嚼劲，且肉中带有一丝丝甜味。为保证鲜度需要使用活鱼，选用烧霜和氽烫这两种方法来制作刺身。

制作方法见P185

氽烫海鳝和海鳝刺身

　　使用活的海鳝制作的氽烫海鳝（上图）和海鳝刺身（下图）。氽烫制法需先将鱼身切片，再迅速放入开水中。鱼皮口感极佳，可以一同摆盘上桌。氽烫适合搭配刺身酱油和芥末，海鳝刺身适合搭配柚子醋酱油、萝卜泥拌辣椒粉和鸭头葱一同食用。

制作方法见P185

河豚

河豚体内有河豚毒素等剧毒，其制作必须严格遵守关于如何处理河豚的规范。自古以来，人们明知其含有剧毒却一直在食用，只因其无法被替代的美味。肉质细嫩，最适合片成薄片食用。

河豚刺身

河豚刺身也称作"铁炮鱼"（"铁炮"在此处指枪）。肉质弹性十足，片成可以透过鱼肉看到盘底的薄片，十分考验厨师的刀功。把河豚弄晕在冰箱中放置一段时间后再制作时会更入味，通常取放置一两日后的河豚制作刺身。

制作方法见P185

河豚

烤河豚、蛋黄醋调味汁

　　河豚通常被切成薄片后食用。将河豚稍稍烤一下，待鱼身变得柔软后会更易于食用，使用这种烹饪方法烹饪时不能将河豚切得太薄，鱼片需要有一定的厚度。推荐使用味道较浓的蛋黄醋调味汁。摆上秋葵会增加料理的美观性。

制作方法见P186

河豚薄片和剥皮鱼肝酱

　　要品尝河豚鱼的美味，通常将其切成薄片或搭配剥皮鱼鱼肝酱。先将河豚鱼身剁碎，然后搭配黏稠的剥皮鱼鱼肝酱一同食用。剥皮鱼与河豚同属一科，在冬季时最肥美，建议在冬季时食用。

制作方法见P186

海鳗

海鳗又名狼牙鳝，在日本关西地区特别珍贵，是日本京都和大阪夏日祭中必不可少的一道美食。海鳗鱼身细长、骨较多，处理时需要剔骨。剔骨时刀落在案板处发出的切割声，可代表厨师烹饪功底的深厚。一般使用先浸热水再浸冰水的方式来制成刺身。

烤海鳗

海鳗鱼身较软，适合氽烫，但经火烤后鱼肉更加甜美，连同轻轻撕下的鱼皮一同食用，其口感也会令人沉醉。用这样的方式做出的鱼肉可保留其本身的鲜度，越来越多的人在尝过后便再难以抗拒。配菜可选用能清除口中余味的大野芋和凉拌菜。

制作方法见P186

白灼海鳗、梅肉拌山药汁

　　口味相似的白灼海鳗与梅肉拌山药汁搭配土佐醋啫喱，美味又可口。在盛开的"海鳗花"上，涂满口味酸爽的梅肉，和口感温和的土佐醋啫喱相搭配，那柔滑的口感，会让食客迫不及待地想要品尝。

制作方法见P187

海鳗

制作方法见P187

海鳗锅

　　将在盛夏时节最肥美的海鳗与清爽的翠竹相搭配，整道菜品就会呈现出较高雅的格调。即便是在较为正式的宴席上，也不失为一道佳品。在氽烫过的白身海鳗上，稍稍放些梅肉，再以醋酱作为辅料。选取三种配菜搭配胖大海，并取花开三成左右的紫苏花作装饰。

鲣鱼

鲣鱼又名松鱼。春、秋两季的鲣鱼最肥美。口感清香、富含油脂、肉质紧实的鲣鱼，是制作刺身料理时不可或缺的美味食材。使用烧霜和银皮切法等技法，使菜肴变得极具魅力。

鲣鱼的银皮切法和烧霜技法

银皮切法是针对腹部有美丽银皮的鱼的一种刺身切法。而烧霜技法可以使鱼肉更加香嫩。这两种方法都可以使鱼皮更易于咀嚼，可以先将鱼分成两半，再使用银皮切法。建议搭配带有蒜香风味的柚子醋。

制作方法见P187
注：银皮切法，详见本书P162。

制作方法见P188
注：削切切法，详见本书P163。

青竹盛鲣鱼刺身　　鲣鱼去皮后使用削切法切成块。鲣鱼的鱼身较柔软，稍稍切成厚块会更有嚼劲。初夏，盛在青竹里的鲣鱼刺身会给人以凉爽的感觉。推荐搭配刺身酱油一同食用。

鲣鱼

鲣鱼刺身

　　制作鲣鱼刺身时，不需要摆盘技巧，只需将鲣鱼切成大块，盛在小盘中即可。选用蘘荷作为配菜，取花开三成的紫苏花作装饰。想要小酌几杯或想稍稍增添些风趣时，便可以来上一盘。也可另外搭配生酱油，或富含香味的刺身酱油。

制作方法见P188

制作方法见P188

炙烤鲣鱼　　用炙烤后再冰镇的方式处理富含油脂的鲣鱼腹部，再用火烤一下外皮。拍打鱼腹时记得撒些盐，这样可以除掉鱼腥和臭味，鱼肉的口感也会更加清爽。配菜可以多用些蔬菜，来中和鱼肉的油腻。也可搭配萝卜泥拌辣椒粉、酸橘和少量葱等一同食用。推荐搭配柚子醋酱油一同食用。

三文鱼

三文鱼又名鲑鱼，在刺身和寿司中不可或缺，无论老少都十分喜爱。市面上可买到的三文鱼多为人工养殖，即使生吃也不用担心有寄生虫。三文鱼鱼肉呈淡红色、鱼肉鲜美无比、油脂浓厚，可以搭配口感爽脆的蔬菜作为配菜。

制作方法见P188
注解：削切、平切等刀工技法，详见本书P163、P160。

三文鱼刺身

身体柔软且富含脂肪的三文鱼，无论切成薄片或者厚块都很好吃，是做法较多的鱼类之一。这里介绍使用拉切法和削切法切成薄片后的两种摆盘。除芥末外，还可选用萝卜泥作为作料，食客在品尝时，也会感受到爽口的滋味。

三文鱼冷盘

　　三文鱼冷盘在日式料理店中较常见。略微发黏的三文鱼身适合搭配口感清脆的配菜，如白洋葱、紫洋葱、圆白菜等颜色多样的食材。配上风味十足的芝麻调味汁，口感更佳。

制作方法见P189

三文鱼

**三文鱼的花形
摆盘**

　　摆成花朵造型的三文鱼搭配散落的红、黄辣椒与可食用花，外观十分华美。用三文鱼肉卷起圆白菜和萝卜，再配上圣女果的酸，可从这道料理中品尝到多种风味。三文鱼与柑橘味道非常相配，所以这道料理在制作时加入了酸橘和柠檬。

制作方法见P189

三文鱼水果卷

三文鱼适合与水果搭配食用。除了可与带有甜味的水果一同食用之外，还可以搭配带有酸味的水果，这里选用了菠萝、橘子、苹果、猕猴桃和西柚。推荐使用和风沙拉调料或自己喜欢的调料。

制作方法见P189

金枪鱼

金枪鱼刺身在日本有超高的人气，且有黑金枪鱼、大眼金枪鱼、黄鳍金枪鱼等诸多品种。金枪鱼的瘦肉爽口，鱼身其他富含脂肪的部位也可以做出不同口味的料理。多脂的鱼肉口感细腻，通常使用平切或角切等厚切法。

金枪鱼刺身

平切中腹肉、将瘦肉部分切成方块状，切好后再汆烫，使用这种烹饪方法能很好地凸显出金枪鱼肉的鲜美口感。摆盘时，稍稍控制配菜的用量，在盘中留些空白来衬托主菜。

制作方法见P190
注：平切、角切技法，详见本书P160、P161。

金枪鱼的角切法

虽然富含脂肪的金枪鱼肉适合薄切，但将含筋的部位切成小方块状会更易于食用。富含脂肪的部位入口即化，会给食客带来美妙的口感。搭配酸橘食用，可中和金枪鱼肉油腻的口感。

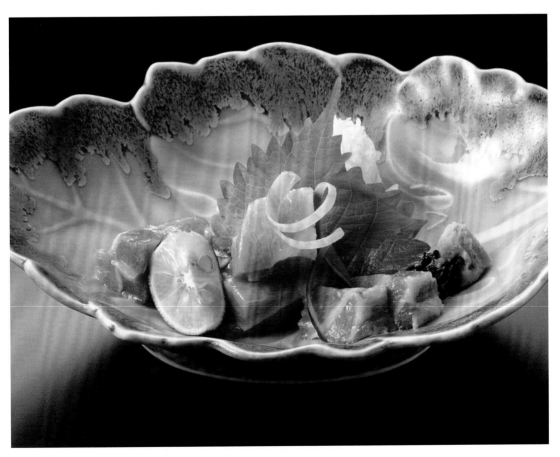

制作方法见P190

金枪鱼

金枪鱼刺身什锦拼盘

三种不同风味的金枪鱼刺身，与蔬菜丝一同装盘。浇上山药汁和苦椒酱等，或配上下酒菜。在又甜又辣的苦椒酱上摆放与金枪鱼非常相配的牛油果。搭配用拍碎的山芋制成的山药汁，回味无穷。

●金枪鱼配苦椒酱　●金枪鱼浇山药汁　●厚切金枪鱼

制作方法见P190

沙丁鱼

　　沙丁鱼较不易保存，制作刺身时首先要考虑如何保证其鲜度。挑选时，需挑选通体泛有光泽、鱼鳃呈鲜红色的沙丁鱼，在处理鱼身时动作一定要快，避免使鱼肉失去鲜度。沙丁鱼脂肪含量丰富，略腥，需要搭配生姜、芥末等作料一同食用。

削切沙丁鱼

　　沙丁鱼属于常见鱼类，很少用来制作刺身。制作刺身时，若切成稍大一点的块状，便能充分品尝到富含脂肪的鱼肉的鲜美。为了使鱼肉不发酸，做好后要盛在冰上，选取尽量多的生的大野芋和萝卜等口味清淡的配菜一同食用。

制作方法见P191

竹荚鱼

竹荚鱼是日本各地近海中可易捕获的鱼类，一年四季都很美味。在青银色鱼当中，竹荚鱼腥味较小，除了可直接做成刺身外，还可以做成竹荚鱼酱，或切成块后搭配味噌做成刺身，这也正是其魅力所在。摆盘造型时切成适当大小。

味噌拌竹荚鱼刺身碎

为了使竹荚鱼的皮肉更方便食用，可在鱼身上切出方格状。鱼身上切出的方格状条纹也能使酱油更好地附着在鱼肉上、更加入味。配菜选取蘘荷、红洋葱和小萝卜等与鱼肉同色系的配菜，这样的色彩组合十分美观。

制作方法见P191

注：味噌拌竹荚鱼刺身碎，是房总半岛沿岸地区流传的乡土料理，用拍松法（烹调法之一）进行烹制。将青背鱼切成3片，在剔下的鱼肉上撒上调好的味噌、日本酒、大葱、紫苏、生姜，用厨刀剁碎，直至出现黏性。

制作方法见P191

赤玉味噌风味
竹荚鱼酱

将味噌和作料拌在一起的"味噌剁碎鱼刺身"是渔夫料理的一种。乡土气息浓厚，可以用来搭配酒和大米饭。将精心制作的赤玉味噌充分拌匀，盛在玻璃杯中，整道料理就会显得十分别致。配菜可选用清口的萝卜和番茄等。

竹荚鱼

竹荚鱼砧卷

制作刺身时用不到的鱼肉部分都可以用来制作鱼肉卷。搭配出多种鱼贝与蔬菜的不同组合。这里选用黄瓜来制作口味较清爽的双色卷。除使用蛋黄香醋外，还推荐使用土佐醋等口感醇厚的酸味醋。

制作方法见P192

**金山寺味噌
风味竹荚鱼酱**

将竹荚鱼肉剁碎，搭配青紫苏叶、蘘荷、黄瓜、紫洋葱等清香的蔬菜，以及生姜泥一同搅拌后装盘。或者根据自己的喜好选用其他蔬菜和味噌，充分搅拌后食用。口味丰富。

制作方法见P192

秋刀鱼

秋季的秋刀鱼肉质肥美，特别适合用来制作刺身。新鲜的秋刀鱼，无论是用活鱼直接制作刺身，或烧霜，或醋渍，都非常可口。烤制之后，油脂溢出，特别入味。属经常食用的鱼类。

醋渍，通常用于处理小骨较多的鱼，将去骨的鱼撒上少量盐，用手揉捏后清洗，之后用醋腌渍，使其小骨软化至食用时不扎口。

注：烧霜，鱼肉加工处理方法，详见本书P169。

秋刀鱼造型生鱼片

通过平切和鸣门切两种切法制成的刺身。鸣门切是指用鱼肉包裹青紫苏叶和生姜后卷成卷的做法。

制作秋刀鱼刺身时，也可使用色纸切法（将醋渍后的鱼肉切成适量大小，再搭配秋季素炸后的甘薯），食客在品尝这道料理时，可感受到浓浓的秋意。

制作方法见P192
注：鸣门切，详见本书P168。

烤秋刀鱼

略有腥味的鱼适合用"烤"的方式进行烹饪。秋刀鱼的皮肉经过火烤后口感和味道都会得到提升，肉质也会更加柔软。炙烤后的秋刀鱼更加入味，再配合蒜片等提香的作料味道会更好。

制作方法见P193

针鱼

鱼身细长及带有银白色的美丽外皮是针鱼的一大特征。几乎透明的鱼身上没有多少脂肪，味道清淡且健康。可以灵活地运用其优美的身形来制作刺身。

制作方法见P193

针鱼砧卷　　淡白色的优质鱼肉很适合用来搭配蔬菜，可以和多种不同蔬菜搭配制作出多种多样的鱼肉卷。这里选用口感清脆的黄瓜。如果换成野菜和黄菊的话，同样也能享受到更具季节特色的风味。配合三文鱼子酱和土佐醋啫喱，会使其口味更加丰富。

针鱼的黄莺造型

将针鱼摆成黄莺的模样，盛在雕刻后的圆白菜上。垂直摆放的鱼头如黄莺一般。用弯曲重叠的鱼身做羽毛，素炸过的鱼皮当爪，周围散落着挂满水珠的小萝卜，使整道料理的风格显得十分俏皮。

制作方法见P193

凤尾虾

凤尾虾口感丰满而富有弹性，且味道鲜美，因此受到人们的喜爱，做成刺身也极具人气。野生凤尾虾价格昂贵。凤尾虾人工养殖较为发达，市场上售卖的大多都是人工养殖的，除了制成刺身之外，凤尾虾还可以用来制作烫虾。放入水中的虾会迅速变成红色，色彩也十分艳丽。

烫虾

利用虾身会变红这一特点，制作刺身时，要将其放入开水中汆烫并捞出。温度过高会使虾身变硬，所以一旦虾身变色就要立即捞出，放入冰水中冷却。红色的虾身，可以搭配青竹，虾头也盛在一起，使整道料理看起来更丰富。酥脆的口感适合搭配海藻提取物一同食用。

制作方法见P194

青竹盛烫虾

　　这道料理口感清凉，是梅雨时节的时令料理。在青竹中铺满冰碴，将鲜红色的烫虾盛在其上，虾身间的缝隙中摆上削好的黄瓜。头部也经开水烫过，去皮后摆放。利用摆盘的形式给这道料理增加清凉的气息。推荐搭配芥末、酸橘和刺身酱油。

制作方法见P194

龙虾

龙虾是自古以来各种喜宴中不可或缺的食材，其独特的外形更是寓意着长寿。龙虾肉充满弹性的口感与其他虾类不同。龙虾一般会以保留头尾的形式做成刺身摆盘，而经开水烫过后，虾身的鲜味也会被充分激发出来。

龙虾刺身

用来做刺身的龙虾，制作时先将新鲜虾肉切成块，去掉须和足后盛在小碗中。再将配菜一同摆入碗中，一道造型别致的刺身料理便完成了。

制作方法见P194

乌贼

乌贼只生活在近海且种类繁多，常见品种有障泥乌贼、剑尖枪乌贼、金乌贼。由于乌贼的鱼身能进行复杂的刀工处理，如嵌入造型、鸣门切法和博多切法，所以能将乌贼切片做成多种多样的造型。

乌贼的花式摆盘

在关东地区乌贼也被称作红乌贼。肉质较厚，微微发甜，最适合用来制作刺身。将乌贼细切成丝、与鸡蛋丝一同做成博多织带纹样，将绿色龙须菜作为夹心，用生鱼片包裹青紫苏叶，将三种不同做法的刺身摆成一盘，口味极其丰富。

制作方法见P194

乌贼

金乌贼拼盘

　　金乌贼体表附着黏液，口感微微发甜，烧霜后甜味更浓。鳍和腿部也同样美味，摆盘时可一同放入盘中。再将削薄后摆成花造型的墨鱼肉与野菜一同摆入，整道料理的夏日气息扑面而来。配合刺身酱油、芝麻酱油和梅肉，便能尽情享受到多种不同口味。

制作方法见P195

乌贼

金乌贼海鲜姿造　　将处理好的乌贼鳍置于盘底，摆上乌贼爪，在最上边摆放乌贼切片。对于肉质很有嚼劲的乌贼，在其身上划上几道细细的刀纹，会更易于食用，也更易于切成薄片。乌贼鳍和乌贼爪要事先用水煮过，再摆上一根竹笋，使整道料理的造型更加别致。

制作方法见P195

章鱼

章鱼富含牛磺酸且味道十分鲜美，煮章鱼和醋拌章鱼等都是日式家常料理。通常用来制作刺身的是真蛸和酢蛸，且无论使用哪种章鱼都可以在保证鲜度的情况下将其切成薄片。真蛸较硬，切成薄片之前先用热水煮一下。

章鱼的波浪造型

取活的章鱼，先用热水煮一下，然后做成刺身。身体光滑的章鱼适合搭配酱油，边转动章鱼身边用刀将其切成波浪状。将切面展平、抹上酱油，将用水浸过的裙带菜摆在前边，一道章鱼刺身就完成了。

制作方法见P195

章鱼

章鱼的薄切造型　　生章鱼口感软嫩又有弹性。相比真蛸，酢蛸更加柔软，所以通常会使用活的酢蛸来制作刺身。将去皮的吸盘水煮后一同摆入盘中，与众不同的造型及吃起来"嘎吱嘎吱"的口感使得这道料理很受食客欢迎。可选取与章鱼肉非常相配的梅肉果冻作为配菜，蘸食梅肉酱油。

制作方法见P196

赤贝

贝类中的高级食材，因其筋道的口感和独特的气味尤其受到人们喜爱。使用带壳的赤贝做成刺身，制作过程中最重要的是保证其鲜度。赤贝的裙边同样很美味，在盐水中揉洗干净后可一同摆盘。

制作方法见P196

赤贝的小鹿造型

赤贝肉口感独特，如果用厨刀刻上装饰性的花纹或刻几道暗纹，会更易于食用。这道料理是在张开的赤贝肉上刻出格子状的鹿点斑纹，盛在用青木瓜雕刻成的盛器里，连同外壳一起摆盘会使整道料理更加别致。

鲍鱼

鲍鱼肉较硬，但是在咀嚼的过程中，品尝到的鲜味会越来越浓烈，是夏季不可缺少的制作贝类刺身的原料之一。主要用来制作刺身的是黑鲍鱼和北海道鲍鱼。制作时，一般会刻上几道暗纹，然后使用拉切或薄切，搭配肝酱油或用盐水煮。

鲍鱼的削切法

将削成薄片的鲍鱼肉摆入壳中，一道豪华的刺身料理就完成了。动刀前先在鱼肉上割几道间隔相等的刀纹，这样既美观、又可以使鲍鱼易于咀嚼。放在切雕好的白萝卜容器中，整道料理更显奢华。可将鲍鱼的肝脏用盐水煮后穿成串摆入盘中。

制作方法见本书P196

牡蛎

　　牡蛎肉滑嫩多汁、十分美味，食用时，剥掉壳挤上柠檬汁、鲜香十足。日本各地都在养殖极具特色的牡蛎。处理牡蛎时需要格外注意，需选用更适合食用的牡蛎。

烫牡蛎

　　将带壳的活牡蛎迅速置入热水中，待它缩回到壳中后快速晃动，然后取出。烫过的牡蛎肉更加香甜，相比生吃更加美味。需要注意的是，如果烫牡蛎的时间过长，牡蛎肉就会缩水。推荐搭配酸橘和刺身酱油一同食用。

制作方法见P197

蝾螺

生蝾螺肉较硬、不易咀嚼，为方便食用，需将其切成薄片。市面上售卖的蝾螺分为有角和无角两种，但味道没有太大的变化。连同外壳一起摆盘会给这道料理增添几分乡土的风味。

制作方法见P197

蝾螺切片

海味浓厚且味道鲜美，推荐搭配带有酸甜味的醋拌酱。连同外壳一起摆盘时，可以用配菜来提高整体的质量，并打造出立体效果。可以选用黄瓜、当归、萝卜和蘘荷等余味清爽的配菜。

蝾螺肉南瓜盅

这道料理将蝾螺连同外壳一起盛在南瓜盅里，很适合在各种宴会中食用。将南瓜掏空，在外皮雕刻上装饰花纹。将蝾螺肉和蝾螺肝穿成串，摆进南瓜盅中。蝾螺肝的苦甜味及鲜味受到很多食客的喜爱，用开水汆烫后风味更佳。

制作方法见**P197**

海螺

　　在所有的海螺中，最适合制成刺身的是蛾螺科海螺。主要产于北海道，属于高级贝类。海螺肉肉质偏硬，海味较浓厚。肉身中的唾液腺可能会引起中毒，食用前需仔细去除。

海螺刺身

　　选取适量大小的海螺连同外壳一起摆盘。口感较硬，可以将其切成薄片，或刻上刀纹，使其更易于咀嚼。连同外壳一起摆盘时，将海螺肉放置在壳的外缘会更方便食用。可选用红心萝卜刻成樱花样作装饰。

制作方法见P197

扇贝

蓬松柔软的扇贝肉味极鲜，深受各年龄段食客的喜爱。制作刺身也很方便。取活的扇贝，将其表面烤一下，或用热水烫一下，或采取其他做法等。

烫扇贝的博多切法

扇贝的美味与西红柿和柑橘的酸味极其搭配，可以使用博多切法来制作。将闭壳肌放入开水中迅速烫好，可以更好地激发出其香味。搭配西红柿和酸橘会更加美味，也适合使用烧霜技法。

制作方法见P198

牛角蛤

　　从较大的双壳贝中取出的贝柱，易于直接食用，其颜色稍稍带些透明感，十分美观。味道清淡、美味。摆盘时，可以使用外壳，来呈现极具特色的视觉效果。

牛角蛤的博多切法

　　取3枚较厚的牛角蛤，与酸橘夹在一起摆成造型。除了芥末和酱油外，还可以加盐调味，这样牛角蛤吃起来会有一丝甜味。在外壳下铺上蜂斗菜的叶子，可以改变整个料理的外观，也可以改善盘子的分配比例。蜂斗菜和装饰用的蔬菜也给这道料理增添一丝清新的气息。

制作方法见P198

牛角蛤的造型生鱼片

将贝壳立起后摆成造型，可以给食客带来惊艳的感觉。酒壶中插着玉簪，盘中散落着新生姜和油菜花，宛若一副早春景象。在闭壳肌上刻出鹿斑花纹，或切成薄片，都能感受到不同的口感变化。

制作方法见P198

第二章
小钵装刺身料理拼盘

虽然可以用当地新鲜的鱼贝类做成美味的刺身来款待客
人，但将艳丽多彩的刺身混搭在一起摆成拼盘或海鲜姿
造更能为宴席增添几分奢华。这里将介绍令人心情愉悦
的摆盘方式和新颖的制作方法，以及能够充分利用剩余
食材的小钵料理。

刺身料理
拼盘

无论是使用大钵或大尺寸的容器作为容器，或是使用蔬菜和水果做成的蔬果盅，或是做成刺身串等，只要是脑海中浮现出的想法都能运用于刺身料理的制作中。下面来介绍色彩缤纷的鱼贝类组合，以及沙拉配菜的制作方法。

制作方法见P199

大钵刺身

◆龙虾造型刺身

◆盒装海胆

◆海螺海鲜刺身

◆花造型乌贼

◆角切金枪鱼

◆平切鲷鱼

◆吉原造型白带鱼

◆削切鲍鱼

　　摆在中心的龙虾造型刺身，与盒装海胆、海螺海鲜刺身，以及花造型乌贼、角切金枪鱼、平切鲷鱼、吉原造型白带鱼、削切鲍鱼等色彩艳丽的鱼贝类合拼成刺身拼盘。在宴席等耗时较长的场合，为了能让刺身保持鲜度，需在钵底铺满冰。将青色枫叶和红色南天竹叶子等用于装饰，来提升整道料理的格调。

装在青竹里的刺身

◆皮霜技法制作红金眼鲷

◆平切拟鲹

◆削切三文鱼

◆平切鲷鱼

将竹节做成容器，分别盛入四种不同的刺身。根据不同的季节和做法选用不同的搭配方式。因为是一人份的分量，每种刺身的总量为80~90g最为合适。在每个竹节内铺上青紫苏叶，放入配菜。

制作方法见P199

鲷鱼和高体鲕，搭配花椒和薄荷叶的冷烟熏风

将花椒和薄荷叶的香气与刺身相结合，会给食客带来全新
的感觉。容器底部放置制作这道料理时经常使用的发热材料，
再铺上一层网，在网上盛着植物和刺身，所以，这道料理在端
上桌时会冒着蒸汽，香味也随着蒸汽融入生鱼片中。与芥末、
柚子胡椒、刺身酱油和柚醋酱油搭配食用。

制作方法见P200

南方初春，花造型四色拼盘

◆金枪鱼瘦肉的花造型

◆鲷鱼的花造型

◆三文鱼的花造型

◆商乌贼的花造型

用萝卜当作容器，可以衬托做成花造型鱼贝的美感，将整道料理显
得既有个性又富有品味。要将生鱼片竖立，才能将鱼片打造成花朵的造
型。搭配用金山寺味噌和辣椒味噌等腌制的野菜一同食用。

制作方法见P200

红金眼鲷和三文鱼鲜果拼盘

　　将菠萝做成篮子状，添入三文鱼和水果，以及凉爽的土佐醋冻，一道适合在夏天食用的刺身就完成了。除了菠萝，还可以选用橙子、西柚和猕猴桃，将味道不同的水果搭配红金眼鲷或三文鱼，别有一番风味。

制作方法见P200

制作方法见P201

刺身奶酪吐司

　　这道料理可以被当作小食端给稍有饥饿感的食客。将制作刺身剩下的鱼贝食材放在面包上，抹好奶酪后烘烤。鱼贝烤至半熟的程度便可，不同的食材可以有多种口味。

刺身烧卖

　　一种用零碎的鱼贝类食材做成烧卖造型的料理。所用的馅料极具创意，请尽可能地多用几种食材拼成一盘。可将烧卖皮提前用热水过一遍，再与金山寺味噌一同食用。

制作方法见P201

凉酒壶中的鲷鱼和比目鱼

　　利用盛装凉酒的酒壶，在加冰的壶中放入寿司，并向酒壶中倒入刚刚冰冻过的凉水。可选用各种鱼贝类，制作这道料理时选用鲷鱼和比目鱼。酒壶中插入梅花或樱花，宛然一幅春天的景象。

制作方法见P201

制作方法见P202

刺身沙拉罐

　　在人们喜爱的瓶装沙拉中加入鱼贝类，做成刺身沙拉。在沙拉调料中加入调味醋，使料理的咸味被中和。选用黄瓜、萝卜和红辣椒等兼具色彩和口感的蔬菜，切成与鱼贝类食材相同大小的块，各种食材一同入口，口感更佳。

刺身串拼盘

◆白身鱼、烫凤尾虾、炖香菇

◆黄瓜、杏鲍菇、乌贼

◆鲍鱼、黄瓜香、金枪鱼

◆白煮芋头、煮竹笋、针鱼

　　下面来介绍在聚会上可方便食客食用的刺身串的做法。除了将生鱼片穿成串之外，还可一同将煮过的蔬菜和清脆的生蔬菜穿在竹扦上，这样，料理的口感就会更加多样化。另外，除了搭配刺身酱油外，还可以随自己的喜好选用柚子醋酱油、鲣鱼味噌、酱醋等多种腌制酱油和蘸汁调味汁。

制作方法见P202

生鱼片佐奶酪三拼

◆帕尔马干酪风味鲷鱼

◆卡芒贝尔奶酪风味三文鱼

◆加工乳酪风味红鲔鱼

制作这道料理时将烤过的刺身盛放在奶酪上。稍稍烤过的鱼贝类，配上融化的奶酪，使三文鱼原本温和的口味又增添了几分醇厚。由于奶酪本身带有咸味，所以不需要再添加其他调味料，便可直接食用。鱼贝和奶酪都是常见的食材，制作时也可选取其他的食材来搭配。

制作方法见P202

豆腐台刺身拼盘

◆金乌贼的花造型　　　◆三文鱼的花造型

◆鲷鱼的花造型　　　　◆金枪鱼瘦肉的花造型

◆比目鱼的鹿斑造型　　◆削薄的江珧

◆烧霜鮋鱼　　　　　　◆平切蝾螺

将8种风格迥异的刺身摆放在一整块豆腐上。可选用木棉豆腐或硬豆腐，并将水分控干，去掉水分的豆腐与配菜可使刺身的口味变得清淡些。

制作方法见P203

腌白菜风味海鲜卷

◆三文鱼

◆鲷鱼

◆高体鰤

◆鲔鱼

　　将口味清淡的白菜做成腌菜，搭配三种白身鱼和三文鱼制成海鲜卷，口感清爽。鱼贝可以选用金枪鱼和鲷鱼等多个品种。制作这道料理时，也可选用制作刺身剩下的原料来制作。

制作方法见P203

金枪鱼和三文鱼卷

　　用切成薄片的萝卜、胡萝卜、红辣椒卷起使用拍子木切法切好的金枪鱼和三文鱼丝。卷好后，竖直放于盘中。可在盘中空白处抹上智利辣酱油。也可将削成薄片的食材换成牛蒡、山芋和青芦笋等野菜。

制作方法见P204

针鱼和沙丁鱼的紫藤造型

　　将用厨刀精心处理过的刺身摆成紫藤花状。将切成长条的鱼肉错开折叠起来，纵向切成两半，然后从切口打开，就形成了紫藤花的模样。摆上紫藤枝后更像是一幅画作，别有一番风趣。

制作方法见P204

各式各样的 海鲜生鱼片

海鲜生鱼片不仅造型优美，还是盛大宴会中必不可少的刺身料理。近来，日本各地的珍稀鱼贝类购买都十分方便。下面将介绍使用整条鱼制作的，各种姿态各异、充满个性的海鲜姿造。

制作方法见P204

赤点石斑造型生鱼片

赤点石斑肉质紧实，通常使用薄切法。将精心处理过脊骨部分当作盛器，将切薄的鱼肉摆在上侧，并在盛器前侧摆上用烧霜技法和削切法做好的带皮鱼肉。整条赤点石斑身长40cm左右，可供3~4人食用，并搭配足够的配菜。

木叶鲽造型生鱼片

　　木叶鲽鱼肉富含油脂，肉质洁白，是关西地区一种特别珍贵的鱼类。体长25cm左右，适合用来做造型生鱼片。木叶鲽表皮的黏液有一种特殊的臭味，需要仔细清洗。弹性十足的肉身经过薄切，鱼鳍附近肉香味更浓。搭配内脏一同食用，味蕾会感到特别满足。

制作方法见P205

制作方法见P205

鲉鱼造型生鱼片

各地鲉鱼的称呼均不同。头大身子小是鲉鱼的特征，身长25cm左右的鲉鱼最适合用来做生鱼片。制作这道料理时，用脊骨当做盛器，将切好的生鱼摆在脊骨前。鱼皮上有特有的花纹，可以使用烧霜技法来处理。

大翅鮶鲉造型生鱼片

◆醋拌大翅鮶鲉皮和肝脏

◆拌大翅鮶鲉和竹笋

这道料理鲜艳的红色可以给人以喜悦的印象。脂肪含量丰富，适合用来清炖，做成刺身也相当美味。皮肉香甜可口，明胶质柔软而有弹性。可与红柚搭配一同食用。将鱼皮和肝、边角料与竹笋搅拌后，分别盛放在两个小钵中，使整道料理的奢华气息更加浓厚。

制作方法见P205

隆头鱼的切片造型

　　隆头鱼在日本关西地区更受欢迎，甚至被当成是高级鱼类。鱼身混合红、青和绿色等艳丽的色彩，如同热带鱼一般，做成海鲜切片会给人以视觉冲击。由于隆头鱼体形较小，制作一盘生鱼片需要使用三条隆头鱼，需沿着脊骨将鱼身折弯，摆成头尾相连的样子。鱼身可以使用薄切或细切两种方法切割。

制作方法见P206

鲳鱼的烧霜造型生鱼片

　　鲳鱼在日本地区特别受到喜爱，它最大的特点就是鱼身呈菱形。皮肉较薄，经过烧霜后，可以充分激发皮下鲜香味。搭配青梗菜和削好的苹果，不但可以使整道料理的视觉效果更佳，还能赋予这道料理鲜美的口感。

制作方法见P206

舌鳎鱼的造型生鱼片

　　提起舌鳎鱼，很多人会联想到法国料理，但照片中的红舌鳎鱼可以在关东、新潟以南的本州各地捕获到。做成造型生鱼片也非常引人注目。舌鳎鱼鱼身淡白，水分稍有些多，适合使用炙烤皮肉的烧霜方法。搭配煮鱼卵、鱼骨仙贝和鲣鱼味噌等一同食用，风味更佳。

制作方法见P206

制作方法见P207

花尾胡椒鲷和马面鲀造型生鱼片

◆平切黄斑石鲷　皮霜技法
◆调制细切马面鲀　花造型

　　用花尾胡椒鲷和马面鲀这两种身形姿态相异的鱼类以造型生鱼片的形式盛放在大钵中。只使用马面鲀的鱼头，用削好的白兰瓜和紫色圆白菜来代替鱼身。白兰瓜上摆放拌好的鱼肉，手边摆上花造型的装饰。在处理好的脊骨上摆放平切和皮霜两种技法制作的花尾胡椒鲷生鱼片。

红鲢鱼和红金眼鲷造型生鱼片

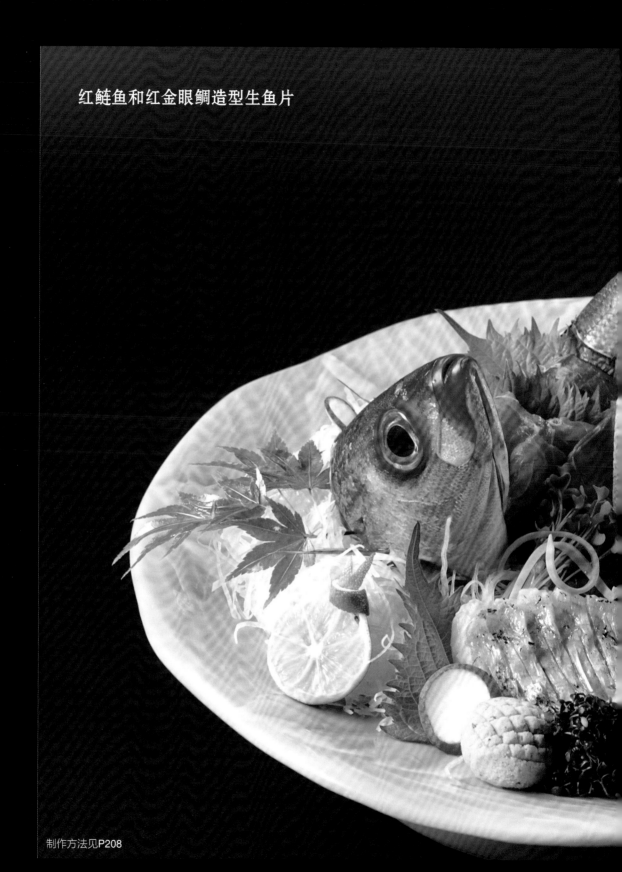

制作方法见P208

　　两种红色的鱼，盛在盘中会呈现出浓浓的喜庆气氛。将带头、带尾的鱼脊骨用竹扦固定在萝卜等配菜上，摆出造型。富含脂肪的柔软鱼肉，拉切或削切后，与经烧霜处理后的鱼片一同摆入盘中。

小钵盛的刺身料理

使用生鱼贝制作的小钵料理，作下酒菜很受人欢迎。下面就来学习将不能用来制作刺身的边角料和切掉的部分等有效利用起来的宝贵技能吧。每一种刺身都推荐搭配酒一同食用。

鲑鱼和咸鲑鱼子拌菜

鲑鱼和咸鲑鱼子是一组非常好的搭配。菠萝酸甜味的加入使得鱼腥味被去除，绿醋的加入也使整道料理口感更清爽，一道新颖的醋拌菜就这样完成了。

制作方法见P208

章鱼酱醋拌菜

将口感鲜美的章鱼切成小块，与清脆的黄瓜以及醋拌酱一同拌匀，口感清脆。为使章鱼的味道融入整道料理中，需将料理充分拌匀。作为点缀，将赤紫苏盖在最上边。

制作方法见P208

梅肉酱拌江珧蛤

味道清淡的江珧蛤的甜味和煮过的肝的苦味，与梅肉的酸味完美地融合在一起。将贝肉和肝切成块，可保证口感。各种食材在口中化为一体的味道充满魅力，可以带来些许的满足感。将苋菜叶子摆在上面，营造雅致的氛围。

制作方法见P209

活鱼生吃小海鳝

　　这道菜用的是鳝鱼的鱼苗。鳝鱼苗身体透明，形状如柳叶，从冬季到春季的市场上有售。死鳝鱼苗的口感会明显变差，因此制作这道料理时使用生鳝鱼苗，滑溜溜地经过喉咙的口感简直是一种享受。在盛器中心的小钵里盛着调好的醋汁，食客可连同醋一起喝下。

制作方法见P209

制作方法见P209

红蛤和日本大河芋

　　用盐和醋腌渍料理的手法，也是制作日本料理时比较传统的方法。使用这种烹饪方法之前，需将食材做成肉糜。制作这道料理时，先将红蛤肉磨碎后塞进大河芋中，并浸渍于原味醋里。雪白的日本芋头中映出红蛤的橙色，饱满的视觉触感和丰满的口感也能让人享受一番。

制作方法见P210

柿盅盛烤秋刀鱼和鲜菇、拌梅肉果冻

　　将烤时令秋刀鱼和烤鲜菇盛在柿子盅里，秋意满满。将秋刀鱼和蘑菇直接用火烤至香气四溢，香味被充分激发出来后与梅肉果冻一同搅拌。为了将拌菜的材料和醋做成果冻状需要充分拌匀，拌过后的食物口感顺滑，更易于食用。

烤带鱼、萝卜碎调和醋拌菜

为迎接夏季的到来，将带鱼稍稍烤一下，再搭配黄瓜，与萝卜碎调和醋拌在一起。比起生吃，将鱼皮烤过后更适合制作拌菜，也更加美味。选取较深的小钵来盛放，切成长条或长块会显丰盛。

制作方法见P210

秋刀鱼和黄瓜双拼

一道将秋刀鱼和黄瓜做成果冻状、给人以清凉感觉的料理。将黄瓜的水分仔细控干后放到土佐醋啫喱中搅拌，倒进果冻模具中，将处理过的秋刀鱼放在最上层。撒上盐、醋去腥，秋刀鱼的口感更加清爽。

制作方法见P210

梅肉酱拌章鱼

烫过的章鱼与梅肉酱搅拌在一起，盛在牵牛花造型的器皿里，很适合在初夏食用。为了让章鱼肉更易于食用，处理食材时，先去皮、再用蛇纹厨刀切得深些，章鱼独特的口感便会更加入味、同时也使章鱼更易于咀嚼。将切下的皮上的吸盘用热水烫过，也能品尝到章鱼足爽脆的口感。

制作方法见P211

蛋黄醋风味章鱼海螺双拼

用章鱼和海螺这两种口感各有特色的鱼贝类组合，做成醋拌菜。搭配做成果冻状的蛋黄醋，那温淳的香味和酸味，只需少许就能让食客十分满足。鱼贝类不能拿来制作刺身的边角料是制作这道料理最合适不过的原料，配上爽口的山芋，也能给这道料理加分。

制作方法见P211

氽烫海鳗扁豆卷

将切断骨头的鱼身切成长条，氽烫后将扁豆包在鱼肉里卷成卷，不需要花费很长时间便能做出一道别有风趣的菜肴，作为下酒菜也是很受食客欢迎的。卷中心烫过的蔬菜被下水煮过的海鳗肉包裹着，推荐搭配味道浓厚的玉味噌一同食用。

制作方法见P211

梅肉酱拌海鳗

氽烫过的海鳗松软柔嫩，搭配受食客喜爱的黄鳝和作为点缀的梅肉拌菜一同食用。用小钵盛装时，尽量将食材切得小些，会使整道料理更显雅致。这里撒上胖大海和花开三成左右的花序，若是没有这些，也可以用其他的装饰食材来代替。

制作方法见P212

河豚白子柑橘盅

　　口感如奶油一般芳醇的河豚白子，是酒客们度过寒冬时的一品时鲜。河豚白子的甘甜味，搭配萝卜泥拌辣椒粉和柚子醋酱油。盛在挖空的柑橘里，更显雅致。照片中所示的盛器是凸顶柑。

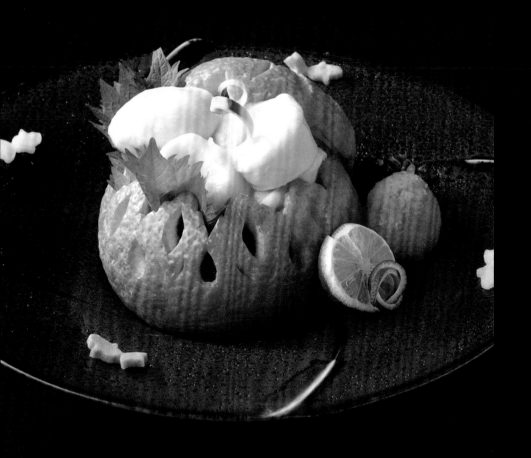

制作方法见P212
凸顶柑，又名不知火、杂柑、丑柑。

比目鱼拌乌鱼子

　　乌鱼子腌渍之后会
变黏，且有浓厚的香味。
利用这一特征制成的拌
菜，最适合搭配酒来食
用。将外观好看的部分
切下来做成拌菜，很吸
引顾客。

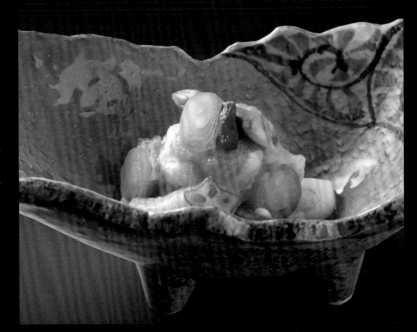

制作方法见P212

烧云子

　　云子是鳕鱼的白子，
因其雪白的样子像是云
的形状，因此有了"云
子"这一叫法。口感丰
满而有弹性，利用这一
特点，将其稍稍煮过后
用火烤一下表面，不但
香气四溢，还能够除去
腥味。

制作方法见P212

生海胆芥末果冻拌

生海胆与爽口的芥末果冻拌在一起，清爽的口感非常适合在夏季食用。将其盛在玻璃器皿里会更显清凉。芥末果冻是将芥末融进调和醋，加入明胶后做出的固态食材。调和醋的微弱醋味能够和铺在海胆下的青番茄的水果酸味相互融合。

制作方法见P213

绿醋萤鱿

富山湾萤鱿肉身丰满圆润、略带有苦味，是夏季不可缺少的下酒菜之一。煮过后和绿醋拌在一起，搭配芥末和树芽来增加香气。

制作方法见P213

海藻汤汁酱油

将口感爽脆的海藻用开水烫一下，放入汤汁酱油里食用，是一道别具风味的菜，最适合在酒席间提供给食客用来去除口中的苦味。搭配清脆的黄瓜、滑溜的山药，食客在品尝这道料理时能品尝到多种口感。

制作方法见P213

三色沙丁鱼

- ◆沙丁鱼土佐醋啫喱拌菜
- ◆沙丁鱼醋味噌拌菜
- ◆沙丁鱼芥末酱油拌菜

选用土佐醋啫喱、醋味噌和芥末酱油这三种较合适的配料来搭配沙丁鱼，并将做好的三种不同口味的刺身盛放在青竹里。在土佐醋啫喱里加入珊瑚菜和生姜末，在醋味噌里加入油菜花和枸杞，芥末酱油里加入圣女果和嫩苗菜（秋季刚刚发芽的蔬菜），以及花开三月的花序等颜色鲜艳的装饰。

制作方法见P214

河豚刺身拼盘（7种）

◆河豚佐海胆

◆细切河豚 针柚子拌菜

◆河豚配调和油

◆河豚拌石莼海苔拌菜

◆河豚拌明太鱼

◆河豚拌盐海带

◆松露盐平切河豚

制作方法见P214
注：将柚子削皮，将内侧白色绵质物剔除后切碎即为针柚子。

据说将河豚盛放在河豚产地山口县出产的陶瓷器萩烧中，河豚的颜色会发生变化。图片所展示的河豚料理拼盘展示了河豚的7种色彩变化，搭配调和油、松露盐等调味品，做成了包括西洋风在内的多种不同风格，同时也增添了河豚料理的食用乐趣。

第三章
制作美味刺身的技术

为了能够做出美味的刺身料理，必须具备能够鉴别鱼贝鲜度和品质的眼力、摆盘的审美等诸多方面的能力。其中也包括鱼贝的处理方法和刀工等，尤其是刀工技巧，相比起其他任何料理，都会直接影响料理的呈现效果。所以掌握基本的刀工还是比较重要的。

鱼贝的
处理方法

　　用来制作刺身的鱼贝类一定要足够新鲜。鱼贝类的处理方式对保持鲜度和保证成品是否美味有很大的影响。这里将介绍高效、实用的鱼贝类基本处理方法。下面就让我们一起学习根据鱼贝的种类，对带骨鱼肉、脊骨、肝等部位进行适当处理并充分使用食材的方法吧。

鲷鱼

处理要点

　　在处理鲷鱼的过程中，会使用到处理鱼类的所有刀工。只有掌握了一定的处理技巧和技法，处理鱼身就会很轻松。鱼头和鳃下长胸鳍的部位营养价值丰富，所以下面先介绍这个部位的处理方法。

去鳞

1. 鱼鳞较硬且排列紧密。选择使用厚刃尖厨刀和刮鳞器，从鱼尾开始向头部刮。

2. 横握厨刀，轻轻刮去腹部到背部、尾部的鳞片。

3. 鳃下长胸鳍的部位和鱼头之间，处理时需要用手抬起胸鳍，注意不要切坏。

去除内脏

  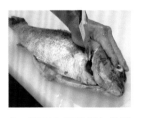

1. 将鱼头摆向右侧，腹部朝向自己，按住鱼脐，将刀刃向右从肛门刺入。

2. 反握厨刀，将腹部切开。

3. 将刀尖竖着插入鱼鳃上部。

4. 将下颚切开。

5. 将打开的鱼鳃用手抬起来，厨刀插入包裹内脏的膜中，将鱼鳃连同内脏一并取出。

用水清洗

1. 用刀尖将脊骨部位带血的膜切开。

2. 将剩余内脏等污物挑出，用水清洗干净，也可以使用刷子。

3. 用毛巾或抹布将腹中的水擦干。

切下鱼头

1. 将鱼头朝向左侧，背部朝向自己，提起胸鳍，斜着将厨刀切入脊骨。

2. 将鱼头翻向另一面，在同样的位置下刀。

3. 将鳃下长胸鳍的部位抬起，用厨刀将关节部位切掉，取下整个鱼头。将头部连同鳃下长胸鳍的部位一起切下，可以用来做煮鱼头。

将鱼切成3片

1. 鱼头朝右，腹部朝向自己，用手抬起腹部，从脊骨上方入刀。

2. 沿着脊骨，切开较硬的腹骨。

3. 沿着脊骨，从头部向尾部，将鱼背切开。

4. 放下抬起的鱼身，一边用左手扶住，一边从头部一刀切至尾巴根部。

5. 脊骨向下，背部朝向自己，从头部一侧将厨刀切入脊骨上方，将另一侧鱼身切开。

6. 将头部到背鳍部分的脊骨和背部切开。

7. 用左手抬起切开的鱼身，将腹部坚硬的骨头切掉。

8. 沿着脊骨切至尾部。

9. 放下抬起的鱼身，从头切向尾部，将尾巴根部切开。

剔去腹部骨头

1. 从切开的鱼身上除去腹部骨头。头部朝上，用厨刀反向将腹部骨头连根剔除。

2. 头部朝向自己，顺着已经切下的骨头根部下刀，去除腹部骨头。

3. 将剔除的腹骨抬起，竖着下刀剃掉骨头。

4. 用同样的方法取下另一片的骨头。

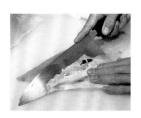

5. 顺着切下的骨头根部下刀，剔除腹骨，再竖着切下腹部骨头。

切成适量大小并摆好

1. 将处理好的鱼身腹背切开，从带着血、有小骨的腹部一侧下刀。

2. 尽量将腹背切成相同大小，保持尾部一侧的肉与背部相连。

3. 除去腹腔内残留的血污及边骨。

4. 另一片也同样尽量切成相同大小。从大约一掌宽、鱼身较薄的地方开始下刀。

去皮

1. 切好后的鱼身尾部朝向左，鱼皮朝下，在尾部划出切口。

2. 从切口入刀，左手拉着鱼皮，同时刀刃划向案板。

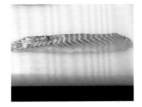

3. 在划动厨刀同时前后拉扯，以便切下全部的鱼皮。

4. 腹部也用同样的切法：鱼尾朝向左，鱼皮朝下，边拉着鱼皮边下刀。

5. 在将厨刀划向案板时前后拉扯，这样可以将鱼肉剔除得更干净。

鱼头也可以合理利用

鲷鱼头和脊骨同样鲜美，切下的鱼头也可以用来制作料理。特别胸鳍的部位残留有鱼肉，很适合用来做烤鱼。但要注意将鳃下长胸鳍的部位与鳃盖骨相连的关节部分切掉。

比目鱼　处理要点

　　将扁平状的比目鱼和鲽鱼上、下身的腹背切开。首先，从脊骨上鱼鳍和侧缘之间的部位下刀，将鱼身切开。用柳刃厨刀将密布的鱼鳞仔细刮除。

刮除鱼鳞

1. 细小的鳞片会相互重叠排列，需要刮除。刀刃朝前，从尾部开始用厨刀反向刮掉鱼鳞。

2. 将刀刃稍稍向上翘，不要伤到鱼身。沿着鱼身前后刮。

3. 用同样的方法刮除鱼身下半部分的鱼鳞，刀刃移动的幅度大一些将鱼鳞刮干净。

4. 仔细刮除鱼头和鱼鳍附近的细小鳞片。

去除头部和内脏

1. 将鱼头朝向左边，沿着胸鳍和鱼鳃相接的部位下刀。

2. 将鱼头切下。

3. 另一半鱼身也用同样的方法，将鱼头切下来并同时将内脏整个取出，注意不要将内脏弄破，以免影响鱼肉的味道。

4. 切开带血的膜，将血污和残留的内脏洗净，擦干腹腔中的水分。

去除胆囊

1. 用肝脏制作肝酱拌菜和肝酱油的时候，需要先从与头部一同取出的肝脏中去除胆囊。

2. 照片所示的即为鱼的胆囊。若是弄破了胆囊，较苦的胆汁流经鱼身会使鱼肉变苦，所以处理时需要小心、谨慎。去除胆囊后将鱼肝切下。

切成5片

1．从下身开始。将鱼尾朝向自己，沿着中间的脊骨纵向切入。

2．从鱼腹侧缘和鱼鳍间的部位下刀。

3．沿着腹部的切口划至脊骨切开鱼身，将下身腹部一侧的鱼身切下。

4．将鱼翻面，将鱼头朝向自己，沿着中间的脊骨切入。

5．从腹部鱼鳍和鱼鳍骨间切入。

6．沿着腹部的切口划至脊骨切开鱼肉，将上身腹部一侧的鱼肉切下。

7．将鱼身翻面，从鱼身下半部分的鱼鳍和边缘中间的部位下刀。

8．沿着背部的切口划至脊骨切开鱼身，将下身背侧的鱼身切下。

9．将鱼翻过来，从上身背部鱼鳍间和背侧的边缘处入刀，将鱼身切下。

10．将切下的4片鱼肉上的小骨剔除。从鱼鳍和鱼身之间下刀切掉鱼鳍，去皮。

鲣鱼

鲣鱼身体柔软、肉质易碎，处理鲣鱼时刀工要利落，要精简而快速地处理。鲣鱼的鳞片集中在背部，需要连皮一同剔除。头部需要使用"深V"法切下。制作刺身时，先切成3片大片后，再将背身和腹身切成适量大小。

剔除鱼鳞

1．鲣鱼从背部到鳃下均长有较硬的鱼鳞，处理时，需要用厨刀从尾部开始刮除。

2．将背部的鱼鳞刮丁净后，用厨刀从胸部到腹部横着刮除。

3．将胸鳍提起来，仔细刮除胸鳍附近的鳞片。

使用"深∨"法切掉头部

1．不要破坏鱼身，一口气切掉头部。从胸鳍后边向鱼头斜着划一刀。

2．将鱼身翻转，从胸鳍后边向鱼头斜向划一刀。

3．从胸鳍后边斜向将鱼头切下，握住鱼头将内脏一同拔出。

4．将鱼身朝向右，将鱼腹朝向自己，从头部一侧切入，切至肛门。

5．将混着血的腹膜切开，并将血污处理干净。

6．用水将腹腔仔细洗干净。

3片切法

1. 将腹腔中的水仔细擦干，让头部朝右，鱼腹部朝向自己，从腹部朝尾部切开。

2. 将鱼背朝向自己，从背鳍上部下刀，刀尖划至脊骨，将鱼身切开。

3. 将鱼尾朝右，从尾部下刀，以同样的方式从尾部入刀。

4. 左手扶着鱼尾，从鱼尾末端下刀，沿着脊骨至鱼头的方向切至头部，将鱼身切开。

5. 将厨刀反向切入尾部，将鱼身从脊骨上切掉，切掉鱼尾。

6. 切掉上半部分鱼身。使脊骨朝下，腹部朝向自己，从尾巴根部附近下刀。

7. 沿着脊骨切下鱼身。

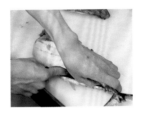

8. 左手扶着尾部，从尾巴根下刀，沿着脊骨一口气切至头部，将鱼身切开。

9. 将厨刀反向切入尾部，将鱼身从脊骨上切掉，最后切至鱼尾。

切成适量大小并摆好

1. 从鱼身和小骨相连的部分入刀，横向剔除小骨。

2. 将背身和腹身切开。从脊骨和鱼身中带有血污部分的上方入刀，切掉背身。

3. 从腹部残留的脊骨部分入刀，切掉鱼身中黑里带红的部分和脊骨。另一片鱼身以同样的方法处理好。将两半鱼身的腹身和背身切开，一共切成4片。

星鳗　

通常，日本关东地区会选择"开背"法处理星鳗，而关西地区则会以"开腹"法处理星鳗。使用开腹法更容易将内脏取出，更适用于制作刺身。先将体表覆盖的特有黏液刮除，会更容易处理。星鳗鱼身较长，需先用锥子固定鱼身后再下刀。其脊骨可以用来制作骨仙贝。

用水清洗

1. 使用活的星鳗，或者现杀的活星鳗。用厨刀刮除体表的黏液。

2. 将刀从肛门处刺入，划开腹部，注意不要伤到内脏。

3. 用厨刀将整个腹部切开。

4. 切开鱼腹，用刀尖将内脏拉出来。

5. 用刀尖刮出残留的内脏。

6. 洗掉体表的黏液，将腹腔清洗干净，然后仔细擦干净。

开腹

1. 将鱼头朝右，将鱼腹朝向自己，用锥子将星鳗固定在砧板上，反向切至鳃下长胸鳍的部位。

2. 从脊骨上方入刀，左手扶着刀背，沿着脊骨划开鱼身。

3. 用左手确认刀尖的位置，注意不要切断背部的鱼皮。

4. 切开鱼身后，从胸鳍处切下鱼头。

去除脊骨

1. 将脊骨朝下，尾巴朝右，从鱼尾末端入刀。

2. 从鱼身中剔除脊骨，将鱼肉向上掀，以便确认脊骨的位置。

3. 将处理好的鱼身沿着脊骨翻转，并将残余的脊骨剔除。

取出小骨和鱼鳍

1. 从菜刀横向切入，刮去小骨和薄膜。

2. 另一侧以同样的方式刮去小骨和薄膜。

3. 鱼皮朝外，将鱼身折叠，从尾部背鳍的位置下刀，割下一部分。

4. 用左手拉着切掉一半的背鳍，用刀尖将背鳍切掉。

海鳗　

　　鱼身表面覆有黏液，脊骨呈三角形，且小骨较多，是一种很难处理的鱼，所以请牢牢记住每一个处理步骤。将带肉骨头切得很小需要一定的经验并需多加练习。另外，在处理活鱼时，注意不要被海鳗尖利的牙齿咬伤。这里使用活鱼进行演示。

去除黏液和内脏

1．牢牢抓住头部，用刀刃将表面的黏液刮除。

2．将鱼头朝右，将鱼腹朝向自己，从肛门处反向切入，划至头腹连接的地方，将腹部切开。

3．用手提起切开的鱼身，从头部向尾部，用厨刀将鱼身与内脏连接的膜切开。

4．切掉整个鳃。取出鳃和内脏，同时注意不要将内脏弄破。除了肝、鱼鳔和白子等味道苦的部位，其他部位都可以用于制作美食。

5．用水清洗身体表面的黏液和腹腔中的血污以及残留的内脏，仔细擦干净。

开腹

1．头部向右，腹部朝向自己，用锥子将鱼固定在砧板上，用刀背将锥子钉紧。

2．从头腹相接的地方下刀，沿着三角形脊骨的边划开。

3．从头部切至尾部，将厨刀稍稍立起，注意不要伤到背部。

去除头部、脊骨和鱼鳍

1. 切下鱼头，拔掉锥子。

2. 鱼尾朝右，脊骨向下，从尾鳍上边入刀。

3. 左手压着鱼身，确认好刀刃的角度，沿着脊骨切下，剔除脊骨。

4. 切的过程中，当菜单卡到脊骨时，请先调整好刀刃的角度，如此反复直到剔除脊骨。

5. 切掉尾部。

6. 将鱼身向上翻，用厨刀压着背鳍边缘，左手拉着鱼身，去除背鳍。

7. 剔除两侧的小骨。从小骨根部下刀，边用左手扶着边削去小骨。

8. 反方向削去另一侧的小骨。

断骨

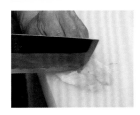

1. 将鱼头朝右，用切骨刀切断鱼骨与鱼肉，下刀时注意不要切到鱼皮（鱼肉与鱼皮的间隔为1毫米左右）。

2. 凭借菜刀本身的重量来切鱼，并利用其反作用力使厨刀弹起，如此反复，直至将鱼骨切断。

3. 将鱼肉切成适口大小（宽3厘米左右）。

鱼头的处理方法

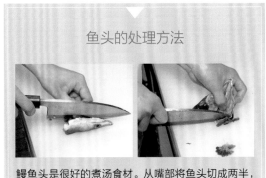

鳗鱼头是很好的煮汤食材。从嘴部将鱼头切成两半，去除鱼鳃，用水洗净。

鲹鱼

鲹鱼鱼身紧致，大小适中，是一种很容易处理的鱼。锯齿状的鳞片从尾巴根部一直延伸到鱼身中部，处理时，需先用厨刀刮掉这层鳞后再处理鱼身。这里介绍的是制作鲹鱼切片时的处理方法。若不制作生鱼片，可使用"大鸣切"法，从鱼头切至鱼尾。

去除鱼鳞和锯齿状鳞片

1. 用刀刃从尾部刮向头部，仔细刮去细小的鳞片。

2. 横向从鱼尾部切入，去除锯齿状鳞片。也可以先去除齿状鳞片再刮去鱼鳞。

3. 不要用力，轻轻地刮去齿状鳞片，注意不要刮坏鱼身。

去除内脏（制作生鱼片）

1. 制作造型生鱼片，要保持鱼头与脊骨相连，同时处理鱼身。提起鳃盖，从根部切除鳃。

2. 将鱼头朝右，腹部朝向自己，从胸鳍的部位斜向切一道口子。

3. 从切口处将鱼鳃连同内脏一并取出，将血污清洗干净后，擦干腹腔中的水分。

注：大鸣切是指处理小鱼和肉质易碎的鱼类时，不用刀切腹部和背部两侧，直接将脊骨和肉切开的切法，使用大鸣切法会在脊骨上残留了许多鱼肉，是一种比较浪费食材的处理方法。

切成3片

1. 鱼头向右，背部朝向自己，提起胸鳍，从胸鳍后边斜着切入。

2. 在鱼尾根部切一道口子。

3. 从背鳍上方入刀，从头部的切口划至尾部的切口。

4. 沿着脊骨上方一刀划至尾部，将上半身切下。

5. 处理鱼身下半部分。将鱼头朝左，背部朝向自己，在鱼尾根部切一道口。

6. 从背鳍上方入刀，从头部沿着脊骨入刀。

7. 左手按住鱼身，沿着脊骨从尾部划至头部，切下鱼身。

8. 鱼身切开后，从根部切掉尾巴。

去除腹骨、小刺、鱼皮

1. 将鱼肉切下后，用菜刀横向割入腹骨末端，将内脏周围的细骨剔除。

2. 用手仔细触摸残留的小刺，将刺拔除。

3. 鲹鱼皮也可用手直接剥掉。轻轻揉搓尾部的皮、将鱼皮剥下剥至鱼头。使用厨刀时，从皮下横向插入鱼皮与鱼肉之间，使肉皮分离。

沙丁鱼　

鱼肉质柔软，可直接徒手剥开处理。徒手处理时，可以顺便将小骨一并去除。但是，很容易将鱼肉弄散，切生鱼片时更是考验厨师的技巧。用厨刀时，使用大鸣切法从头到尾将鱼身一刀切开。

去除头部和内脏

1. 用刀刃从尾部刮向头部，将鱼鳞剃掉。背部和腹部都要刮干净。

2. 从胸鳍下方斜着下刀，将鱼头切掉。

3. 从切下鱼头的地方入刀，将腹部切开。

4. 取出内脏，用水清洗腹腔，洗去血污后擦干。

徒手剥开

1. 拇指深入脊骨的下方，用滑推的方式，将鱼身打开。

2. 鱼身上部分也用同样的方法处理，从尾巴根处折断脊骨并取下。

3. 将鱼肉从背部分成两片，剔除小骨，并切掉背部较硬的部位。

4. 用手将鱼皮剥掉。用少许醋蘸鱼皮，残留的皮肉上的银色亮纹也能去除。

针鱼

　　身体细长的小型鱼，可以使用"大鸣切"切法将其迅速分成三片。腹腔呈黑色，腹腔内黑色的膜会产生腥臭味，所以请尽可能地去除干净。去除黑膜后略带透明感的鱼身与银色的鱼皮都能食用。

去除头部和内脏

1. 用刀刃迅速刮掉鱼鳞。不要太用力，以免破坏鱼身的完整性。

2. 从胸鳍下斜着入刀，切到鱼头。

3. 将鱼头朝右，腹部朝向自己，从肛门划向头部，将鱼腹切开。

4. 用刀刃将内脏挑出，清洗腹腔。用手剥掉鱼腹内黑色的膜后仔细清洗。

大鸣切

1. 擦干水分，将鱼头向右，背部朝向自己，从脊骨上方入刀划开鱼身上半部分。

2. 将鱼翻转，将鱼身下半部分沿着脊骨下刀划开。

3. 用厨刀横着切去腹骨，切掉腹部的鳍。

4. 在鱼尾根部划切口，左手捏着鱼皮，用刀背压着鱼身将皮剥掉。

竹麦鱼

处理要点

圆筒形的身材、胸鳍颜色艳丽是竹麦鱼的特征所在。由于无法将其平放在案板上，需要使用"大鸣切"法将鱼身迅速切成三片。剩下带肉的鱼骨还可以用来做鱼杂汤。竹麦鱼的头比身体大很多，也很适合用来煲汤。

刮鳞、切下鱼头

1. 竹麦鱼鱼鳞不多，且集中在鱼鳍周围。处理时，从鱼尾向头部刮掉鳞片。

2. 将鱼身翻过来刮去腹部的鳞片。

3. 提起胸鳍，从鳃下的胸鳍下方一刀将鱼头切下。

用水清洗

1. 将刀刃朝外，从肛门处切向头部，将鱼腹划开，取出内脏。

2. 从切下的鱼头上去除鱼鳃。打开鳃盖，从根部切下鱼鳃，用手取出鱼鳃。

3. 边取出残余的内脏，边用水清洗腹腔。洗净血污，并去除残余的腹膜。

4. 将鱼头血污洗净后切成适量大小，用来做鱼杂汤。

切成3片

1. 鱼头向右，背部朝向自己，从脊骨上方入刀。由于无法将鱼身平放在案板上，需要用手按住。

2. 沿着脊骨一刀切至尾部，将鱼身上半部分切下。

3. 将鱼翻过来，从脊骨和鱼身之间入刀。

4. 用左手按着鱼身，沿着脊骨一刀将鱼身下半部分切下。

牛尾鱼

牛尾鱼鱼身呈圆筒形，背鳍较尖锐。直接切下鱼头会很费力，需要先从两侧留下切口，从上方看切口呈"V"字形，再将鱼头切下。鱼身的处理方法大致相同，且没有什么难点。切下的鱼头还有利用价值，可以用来制作骨蒸料理。

注：骨蒸料理是指将切掉鱼肉后残留的带肉鱼骨放进日本酒中蒸，搭配柚子醋、萝卜泥拌辣椒粉等作料一同食用的简单料理。

去除小骨、内脏周围的细骨、鱼皮

1. 斜着入刀，从根部将内脏周围的细骨剔除。稍稍将刀刃抬起，使鱼肉切得平整些。

2. 除去小刺。将鱼身抬起，边用手指将小刺顶出，边拔去这些小刺。注意不要破坏鱼身。

3. 将鱼身带皮一侧朝下，捏住尾部切口处的鱼皮，从皮肉间下刀，刀刃向前划开，剥掉鱼皮。

刮鳞

1. 用水冲净鱼身上的黏液，然后刮鳞。坚硬的鳞片多生在背部。

2. 用厨刀从鱼尾刮向鱼头，仔细剔除鳞片。

切下鱼头

1. 将鱼头朝左，鱼腹朝向自己，从胸鳍下方到胸鳍根部的位置，斜着切开。

2. 翻转鱼身，刀刃朝向头部一侧，从胸鳍根部到胸鳍下方斜着切开。

3. 抬起鱼头，从根部切除胸鳍，将鱼头连同内脏一并取出。

4. 切除鱼鳃。

六线鱼 处理要点

鱼身上布满了细小的鳞片，通常需要先用厨刀刮掉。用来制作海鲜刺身时，将鳃和内脏一同取出，然后用水清洗，用于其他料理时可以先切除头部。下面介绍的处理方法是按照下身腹肉、上身背肉、下身背肉、上身腹肉的顺序来处理的。

刮鳞

1. 六线鱼细小的鳞片遍布鱼身。刮鳞时，用厨刀平贴尾部。

2. 要大幅度地移动菜刀，鱼鳍等细小的部位也要仔细处理。

取出内脏（制作海鲜姿造时）

1. 掀起鳃盖，用厨刀竖着从根部切下鳃。

2. 将鱼头朝右，鱼腹部朝向自己，从鳃下长胸鳍的部位切向肛门，划开鱼腹。

3. 从切口处取出内脏，用水清洗。

4. 掏出鱼腹中血污，清洗干净并仔细擦干。

切成3片

1. 当不需要将六线鱼做成生鱼片的时候，先切掉鱼头。

2. 将头部朝左，鱼腹朝向自己，从腹部入刀切至脊骨，将内脏周围坚硬的细骨切掉。

3. 沿着脊骨划开鱼身腹部。

4. 翻转鱼身，沿着脊骨划向尾部，切开鱼背。

5. 再将鱼头尾翻转，从背部尾巴一侧入刀，划向头部切开鱼身。

6. 翻转厨刀，反向切，将鱼尾从根部切开。

7. 再将厨刀翻过来，左手按住鱼尾，从脊骨上方划向头部，切开鱼身。

8. 将鱼尾朝右，将鱼腹朝向自己，将脊骨朝下，切下上身腹部。

9. 反向切鱼尾。

去除小刺和腹腔中的细骨

1. 剔除鱼身上的细骨。从细骨根部横着入刀，刀刃不要太用力。

2. 拉起削开的腹骨，立起菜刀，将腹骨切除。

3. 抬起鱼身，用剔骨器拔掉头部一侧的小刺。这里的小刺很多，有时也会用到剔骨刀。

带鱼

　　带鱼体型独特，鱼身细长，处理方法也不同于其他鱼类。带鱼没有鳞片，体表布满银色色素。处理时先切下鱼头，但要注意不要被其锋利的牙齿刮伤。处理时，也可以先切下细长的尾巴。

去除头部和内脏

1. 从胸鳍下入刀，向着鳃下胸鳍的根部，斜着切下鱼头。

2. 从肛门反向切入，划开腹部。

3. 用刀刃挑出内脏。如果有鱼子，可以将鱼子取出来做炖鱼子。

4. 用手刮除血污，用水清洗腹腔内血污，仔细擦干。

切成3片

1. 在长长的尾巴根部划出切口，作为标记。

2. 将鱼头朝右，鱼腹朝向自己，从腹部入刀，沿着脊骨划向尾部，切开鱼腹。

3. 从头部一侧的脊骨上方入刀。

4. 沿着脊骨切向尾部，一刀划开背部。

5. 处理鱼身上部。将鱼头朝右，鱼背部朝向自己，脊骨向下，从背鳍上方下刀。

6. 沿着脊骨切向尾部。

7. 从头部一侧的脊骨上方入刀，划向尾部，一刀切开鱼身。

8. 剔除鱼刺。将腹骨取出，边缘用厨刀竖着切掉。

龙虾

　　多用于制作造型生鱼片，并且是须和足齐全的完整造型生鱼片。在处理活虾时，要紧紧地按住虾身将其固定，处理时注意不要伤到自己。这里介绍将头和躯干分开的处理方法。

去掉头部

1. 左手按压头部，用厨刀从头部和躯干间刺入。

2. 切开躯干上部，用厨刀分别划向左侧和右侧。

3. 翻转，紧按头部，从头部和腹部躯干间入刀，将躯干和头分开。

剥出虾肉

1. 龙虾腹部向上，将菜刀插入腹部边缘，从尾部切向头部。

2. 另一侧用同样的方法处理。

3. 切开尾巴根部后，用手从头部开始剥开腹部。

  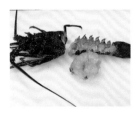

4. 将手指伸入虾壳与虾肉间，用拇指剥掉虾壳。

5. 剥的时候需仔细，不要弄伤虾身。

6. 处理好的头、虾壳及虾肉。

乌贼

乌贼大致可划分为有纤细透明软骨的管鱿目和拥有石灰质内壳的金乌贼。管鱿目细分为剑尖枪乌贼、长枪乌贼、太平洋斯氏柔鱼等，其特征是身体细长。金乌贼类则以商乌贼为代表，身体圆润。处理要点是先将坚硬的甲壳去掉。

去除内脏和足

1. 将拇指插入躯干，将内脏与躯干分开。

2. 左手握住躯干，右手拉住触角，将触角连同内脏一并取出。去除软骨。

3. 拔掉鳍。将拇指插入鳍的根部，连同外皮一起剥掉。

4. 从躯干中心竖着切入。

5. 用厨刀将躯干内残留的墨汁和薄膜等刮除。

6. 从取下的内脏和足中将乌贼嘴取出。在乌贼嘴部周围划几道切口，然后切掉。

7. 取下眼睛。在两只眼睛间竖着划一刀，取下眼睛，并去除内脏。

8. 去除内脏后的足部，将足部切整齐。

清洗躯干

1. 用水将躯干内侧残留的墨汁和薄膜清洗干净。清洗鳍和足部。

2. 仔细擦干，切掉长鳍两端的坚硬部分。将边缘部分切整齐。

3. 剥去内侧的薄膜（也可借助毛巾将薄膜擦掉）。剥掉鳍部的皮。

取出甲壳和内脏

   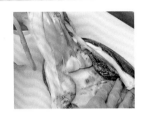

1. 从躯干中心竖着切入。下边是一层石灰质的舟形甲壳。

2. 打开切口，手伸进甲壳内侧，将其从躯干上取出。

3. 切下甲壳上的薄膜。

4. 拉着足，取出内脏。用水清洗躯干中残余的墨汁和膜，然后擦干净。

清理躯干

1. 将手指插入鳍和躯干之间，将鳍连同皮一起剥掉。

2. 切下左右两边硬的部位，在边缘划上切口。

3. 从切口剥下薄皮（也可借助毛巾将薄膜擦掉）。

章鱼　

章鱼体表覆有黏液，这层黏液可使制作的刺身发臭，所以先要仔细去除这些黏液。早些时候有用糠搓揉的方法，而现在一般会用盐来揉搓。搓好后将残留的盐洗净。章鱼头口感独特，需要仔细处理干净。

去除黏液

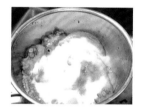  

1. 将活的章鱼放入盆中，撒入足量的盐后开始揉搓。

2. 仔细揉搓每一根章鱼足，直到搓出泡沫、黏液渗出为止。

3. 黏液充分析出后，用流水冲洗盐分及黏液。

4. 再一次加入足量的盐。

5. 仔细揉搓每一根足，使黏液挤出完全析出。

6. 揉出泡沫后，用流水仔细冲洗，摸上去没有黏液之后，再将水分擦干。

切掉章鱼头及章鱼足

1. 从眼睛下方将头部和章鱼足切掉。

2. 用手捏着足中心的章鱼嘴，用厨刀切掉。

3. 从足根部一根一根地切掉。

4. 切掉足部前端细长的部分。

将吸盘连同皮一齐剥去

1. 使用柳刃厨刀，从吸盘处切入。

2. 向足部向左翻，将吸盘连同皮一并剥去。

3. 剥至足尖处，将身体和皮切开。

4. 用厨刀剥不下来的时候可以使用毛巾。用手握紧章鱼足，然后用毛巾剥皮。

处理头部

1. 从头部正中竖着切入。

2. 切开与头和内脏相连的薄膜。

3. 用厨刀按着内脏，用手拉起头部，将连接的部分切掉。

4. 从边缘处切入，以便剥去头部的皮。

5. 用厨刀按着鱼身，用手剥皮。处理好的头部煮一下，然后再拿来制作刺身或拌菜等料理。

牡蛎 处理要点

牡蛎弧度较大的壳面下附有贝柱，处理时，需让弧度较大的壳面朝下，撬开后，取下闭壳肌。

取出贝肉

1．将弧度较大的一面朝下，握紧后用将开蚝刀伸入缝隙，撬开外壳。

2．开口后将蚝刀继续伸入，扶着上侧将外壳剥开。

3．用蚝刀器伸入贝肉和外壳之间，沿着外壳移动，剥下贝肉。

4．取下贝肉，搓洗，然后用水冲净。

江珧蛤 处理要点

贝肉外有较大的外壳包裹。外壳很容易被撬开，记住顺序后处理起来会很简单。将贝肉从根部去除后打开外壳，取下贝肉。注意保持贝肉的完整性。制作刺身时使用贝肉，清理干净后煮沸，盛放在小钵里。

取出贝肉

1．从两片壳相接处插入开蚝刀。沿着缝隙移动，将内柔从根部剥离。

2．打开外壳，从剥下贝肉的一侧切下连接的部分。去掉这一侧的外壳。

3．另一侧用同样的方法处理，将开蚝刀伸入贝肉和外壳间，滑动着剥下贝肉。

清理贝肉

1．用水清洗剥下的贝肉，将手指伸入贝肉与裙边间，沿着贝肉将裙边撕开。

2．从裙边上取下内脏。内脏不能食用，所以将裙边、水管、小贝肉这些可以利用的部分取下。

3．在盐水里仔细揉搓裙边，将黏液洗净后煮沸。

扇贝

处理要点

　　扇贝的外壳闭得越紧则说明扇贝越新鲜。处理时，用开蚝刀刺入，从根部剥离一侧的贝肉后，即可打开外壳。扇贝的泥肠和裙边都可以食用，处理时请小心。裙边需要用盐揉搓，处理干净后使用。

取下贝肉

1．将贝壳较平的一侧向下，用开蚝刀从闭口处插入，将贝肉从壳上剥离。

2．用开蚝刀按住下侧外壳，掀开上侧的壳，将上下壳分离。

3．用剥壳器从上侧外壳和贝肉之间插入，沿着外壳切动，切下贝肉，将贝肉取出。

取出裙边和内脏

1．将裙边从贝肉上撕下。

2．清除贝肉上残余的薄膜，并从裙边上取下内脏。

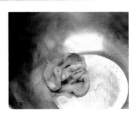

3．用盐仔细揉搓外皮，洗净黏液后用水煮沸。

赤贝　处理要点

打开外壳，从根部剥离闭壳肌取下贝肉，是赤贝传统的处理方法。将贝肉取下后，需将贝肉用盐搓揉，以去除黏液。处理前放在砧板上拍打，可以使肉质更加紧实，并且裙边也会更加美味。

取下贝肉

1. 从闭口处插入剥开蚝刀。

2. 转动开蚝刀，扭开韧带，将外壳撬开。

3. 用开蚝刀从贝肉和外壳间插入，沿着外壳轻轻切，剥下贝肉。

清理贝肉

1. 将手指伸进裙带和贝肉间，将它们分开。

2. 将贝肉横放，横向从泥肠处下刀切开。

3. 用厨刀将身子两侧附着的肠子剔下。留下裙带和贝肉，将黏膜等处理干净。

4. 用盐将裙带和贝肉仔细揉搓，去除黏液。

5. 用水洗净残余盐分和黏液后擦干。

海螺

如果要将整个海螺一起呈给食客，处理时，需用锥子或钻在外壳上打孔，从打孔处旋转着将贝肉剥离，取出。虽然有些麻烦，但是只要熟悉步骤，便能很顺手地处理得当。海螺肉上的唾液腺中存在有毒物质，请务必将其去除。

从壳中取出

1. 从贝壳开口一侧附近用锥子打孔。

2. 从开口处将内侧贝肉剥离，拿在手上，左右旋转锥子。

3. 贝肉剥离后，从贝壳口旋转着将贝肉取出。

4. 尽量不要在中途切到肝。

切分贝肉

1. 切开贝肉和肝。

2. 切下盖子。

3. 清理贝身和肝。去除唾液腺。

4. 切开贝身，确认没有残留的唾液腺。用盐揉搓，清洗干净后制成刺身。

刺身的
刀工技法

根据鱼贝类自身的特性和薄厚等，来改变刀工手法。这里介绍了能够使鱼贝类更加入味的基本刀工技法、装饰用刀工和细工方法。其要点在于选用调整过的锋利厨刀，更加高效、有节奏地切出平滑的切口。

平切

适用于金枪鱼、鲣鱼和鲕鱼等肉质偏软、肉身带有一定厚度、可以切成适量大小的鱼类。处理时垂直下刀，充分利用刀刃的长度，切至刀尖处，然后将切下的鱼肉推向右侧。

鲣鱼

1. 将鱼肉摆好，刀刃对准砧板边缘，抬起刀锋。

2. 垂直切下，边切边将刀尖向后拉。

3. 用刀尖将鱼肉切下，用刀身将切下的鱼肉推向右，抬起刀锋继续。

用这种方式切下的鱼肉，具有一定的棱角，切面平滑，厚度均匀。

红金眼鲷

1. 将带皮鱼肉的鱼皮朝上，抬起刀锋垂直切下。

2. 边切边将刀尖向后拉。将切下的鱼肉推向右侧。制作汤霜等料理时，注意不要破坏鱼身的完整性。

制作带皮刺身时的拉切鱼肉。有一定的棱角看上去更加美观，将鱼身切得稍稍薄些。

角切法

适用于金枪鱼、鲣鱼等身体柔软的鱼类。将鱼身切成适量大小的长条，再切成几乎等同于身体厚度的块状，叠在一起盛放或是做成海苔卷等，易于做出多种不同变化。也可以使用没有处理好的鱼身。

金枪鱼

1. 将处理好的鱼身切成条状。然后选定一个适口的厚度。

2. 使用拉切的方法，切成厚度均等的块状。

叠在一起时，常用作主菜前的前菜。也有将金枪鱼汆烫后切好，使金枪鱼肉呈现更好的视觉效果。

长条切法

将处理好的鱼身切成长条。与角切相同，叠在一起盛放。与削过皮的萝卜或胡萝卜卷成卷，是细工较多的一种切法。与红身鱼或白身鱼等一同搭配好色彩，可以提升其整体价值。

金枪鱼

1. 尽量切出一定的厚度，使用拉切的方法切成长方形。

2. 再使用拉切的方法切成厚度均等的块状。

3. 切法与拉切相同。用厨刀将切下的鱼肉推向右侧。

长度为4～5cm。厚度大约为1cm。也可以用来制作菜卷。

银皮切法

适用于鲣鱼和带鱼等拥有美丽银色外皮的鱼类，是一种使用带皮的鱼肉制成刺身的手法。使用这种方法处理后的鱼皮视觉效果佳。适合使用拉切法，在处理时稍微割点切痕。也可以使用八重切法。

鲣 鱼

1. 将处理好的鱼身纵向切成2~3块，在鱼皮上留下几道切痕。

2. 使用拉切的方法，将刀刃底端靠在砧板边缘，抬起刀锋切下。

3. 边切边将刀向后移动，一刀切下后，推向右侧。

使用这种切法能充分展示出鱼皮的色彩。在皮上留下刀痕，可以使鱼皮更易于咀嚼。

八重切法

将切好的鱼身横向切成两半，再使用拉切的方法。鲣鱼的银皮造型、腌青花鱼、高体鰤等需要将银皮鱼切厚的时候，用厨刀从中间切开，这样更易于食用。

醋腌青花鱼

1. 将切好的鱼身从正中切开，使用拉切的方法切到一半停下。

2. 抬起刀锋，切下一刀。切好的部分推向右侧，接着切下一块。

适用于醋腌青花鱼和鲣鱼酱等需要较厚鱼身的场合。在切口处蘸上酱油，也能使鱼肉更好地入味。

削切

　　一种适用于白身鱼的切法。从鱼片左侧以斜切方式切，左手扶着切开的鱼肉，利用刀尖将鱼肉切下。左手捏着切下的鱼肉叠在一起。

鲷鱼

1. 将切好的鱼身头部向左，斜着入刀。

2. 刀锋向后拉，切下鱼身后放在左侧，叠在一起。

鱼片的厚度会依据下刀的角度有所不同。根据鱼的大小形状，需要切薄时，需将菜刀平放的角度变大。

 薄切

　　适用于比目鱼、河豚和鲈鱼等肉质略有嚼劲的白身鱼，能将鱼身切得纤细，能使鱼肉变得更细嫩。与削切相同，从切好的鱼身左侧横着下刀，切出能够透出盘底的薄厚程度。厨刀比削切时切得更深些。

比目鱼

1. 使用削切的方法，左手扶着切开的鱼身，用大角度斜切的方式将鱼肉片下。

2. 用左手测量鱼身厚度，从刀根拉至刀锋切下。

3. 左手捏着切下的鱼肉，盛在盘中。

比削切法切得更薄，可以透出盘底的薄厚程度。将切下的鱼片摆在盘中。

细切

适用于纤维质较多的乌贼和针鱼、鲹鱼等身子较薄的鱼类。切细后更易于咀嚼，也可以用于未处理好的半片鱼身。商乌贼等鱼身较厚的鱼类需要切得更平、更细。

金乌贼

1. 处理好的鱼肉，纤维横向摆放，用刀锋切下。

2. 拉动刀锋切下。反复重复这一动作。

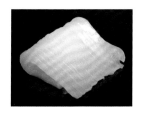

用筷子横着摆放切好的鱼身，将鱼肉摆出不会坍塌的造型，这样更加美观。线切法会切得更细。

格纹切法

一种用厨刀在鱼身表面划出格子状细纹的装饰刀工。适用于肉质紧实的乌贼、魁蛤、鲍鱼等鱼贝类。也适合青花鱼和鲹鱼等脂肪较多、不易入味的鱼类。

醋腌青花鱼

1. 带皮鱼肉的鱼皮朝上放在砧板上，斜着划出等间隔、格子状的刀痕。

2. 移动鱼身，以便在划好的刀痕上划出垂直的刀痕。

3. 与第一步相同，划出等间隔的刀痕。使切口成网格状。

4. 如果切深了，就重新使用拉切的方法来处理。

为了显示出装饰刀工的美感，将鱼肉稍微切得厚些。

波纹切法

边使用削切的方法，边改变厨刀的角度，在鱼身表面刻出波浪状的花纹。这种切法是制作滑溜的煮章鱼时一种不可缺少的切法，这样切除的鱼肉也能更好地与酱油相融合。

章鱼

1. 使用削切的方法，左手扶鱼身，用刀锋斜着切入。

2. 反复上下改变厨刀的角度来刻出花纹。

3. 切下的部分用左手捏着，放在左侧叠在一起。

边改变角度边拉动厨刀刻出花纹，切口处呈现波浪状。

蛇腹切法

为使很有嚼劲的活章鱼更易于咀嚼，在剥掉皮的足部一端切出细小的切口，注意不要切掉，然后从边缘开始切成细痕。这样搭配能使酱油等调料更加入味，也更易于咀嚼。

真蛸

1. 剥掉皮的足一端切下深深的切口，注意不要切掉。

2. 在预先决定好的地方下刀切掉。重复这两个步骤。

3. 将切好的鱼身放在浅筐中，放在开水中烫。

4. 切口胀开后放入冰水中，冷却后捞出。

花形切法

将削切后的鱼身重新加工，切成盛开的花朵模样。适用于真蛸、三文鱼、白身鱼、乌贼等多种鱼类。若盛放在器皿中，还能呈现出华美的造型。

比目鱼

1. 带皮鱼肉的鱼皮朝下，使用削切法，边挪动鱼身边纵向将鱼身叠在一起。

2. 用筷子和左手将重叠的鱼身卷起。

3. 卷好后用筷子整理形状，做出盛开的花朵模样。

真蛸

1. 通过削切法切薄后，捏着切好的鱼身纵向叠放在左侧。

2. 将4~5片鱼肉叠在一起，用左手和筷子从手边开始卷起。

3. 从左侧立起，整理上方的形状，整理成盛开的花朵造型。

花朵造型的视觉效果十分华丽。整理时不要将鱼肉摆得过于松散，将鱼肉紧紧缠绕在一起，这样也更能凸显新鲜度。

博多切法

用两种以上的食材互相交叠，做成博多带一样的纹样。为了丰富口味，多使用青紫苏叶、海苔、柠檬等和鱼贝类等香气十足的食材夹在一起。也可以用金枪鱼和乌贼等鱼贝的组合。

金乌贼

1．将处理好的鱼身切成4~5cm宽的块。

2．将切好的鱼身横放，在表面刻上细纹，切成长方块。

3．与切成同样大小的大野芋头相互叠在一起。

用能够在乌贼肉上映出色彩的大野芋头和煎蛋制作的博多造型。还可以选用其他不同种类的鱼贝。

嵌入造型

一种在金枪鱼和乌贼等鱼身厚实的鱼贝身上嵌入黄瓜、萝卜、青笋等口感清脆的蔬菜，以改变味道和口感的细工做法。在处理好的鱼身中心横向划出切口，可以切成自己喜欢的厚度。

金枪鱼

1．将鱼身切成4~5cm宽，用厨刀横向从中心插入。

2．从切口处插入黄瓜或青笋。

3．用拉切法，切成适量大小。

鲜红的金枪鱼肉搭配绿色的切口，使整道料理的颜色更加鲜艳。处理乌贼时划出几道切痕会更易于食用。

鸣门切法、蕨菜切法

多用适合细工操作的乌贼来制作的花式造型。选用与处理好的鱼身大小相配的海苔和青紫苏叶摆在一起卷成卷，切成方便食用的形状，也可以做成末端不卷起的造型。

金乌贼

1. 将处理好的鱼身横着摆放，在表面刻上细小的细痕。

2. 将刻有刻痕的一面朝下，铺上青紫苏叶，再将青笋摆在上边。

3. 从手边开始卷成卷，切成易于入口的大小。

金乌贼卷起后的造型很像鸣门海峡的漩涡，因此得名。使用水针鱼时，将鱼肉卷成卷，将厚度切半。

蕨菜造型·金乌贼

进行到步骤3时，将末端保留不卷起，就能做出蕨菜一样的形状。

树叶切法、紫藤切法

使用乌贼和针鱼，做出树叶或紫藤花形状的细工造型。将切成长条的鱼身叠在一起，稍稍错开后切成两半，切口处向上立起，便有了这样的形状。使用这种切法做出的造型风韵十足。

乌贼

1. 将乌贼和海苔切成长条，稍稍错开叠放在一起，切成两半。

2. 将切口向两侧打开并上立起，两片靠在一起摆整齐。

乌贼和针鱼的树叶造型，将两个步骤反过来就能做出紫藤花造型。同样将针鱼切成长条叠在一起，从中心切成两半，将切口立起即可。

使鱼贝类更加美味的烹饪方法

只需增加一个步骤，就能使鱼贝拥有不同于生吃的独有味道的方法。对于鱼皮既美观又好吃的鱼类，使用火烤鱼皮的皮霜和烧霜技法；对小刺较多的海鳗，可提前将其放在热水里烫一下。

烧霜技法

以鲣鱼为代表，用火烤一下，皮肉就会变得香喷喷的，还能去除残留的臭味，和生吃相比口味完全不同。除了鲣鱼外，还适用于鲷鱼、六线鱼、鲈鱼、蓝点马鲛、带鱼等鱼类。需要注意的是用火烤过会破坏鲣鱼的口感，用冰水迅速冷却后再进行加工。

鲣鱼

1. 将铁钎子穿入鱼肉中使鱼肉呈扇形，放在烤炉上烤出焦痕。

2. 为了防止皮肉缩小。仔细烤出焦痕。

3. 鱼肉也稍稍烤一下，烤前在两面都撒上盐，可以使肉质更加香甜。

4. 在两面都烤出焦痕后，放入冰水中冷却，擦干水分进行加工。

方头鱼

1. 将带皮的鱼身放在铁网上用火烤表面。

2. 鱼皮全部烤出焦痕后放入冰水中冷却，擦干水分后进行加工。

皮霜技法

　　鱼类的皮也很美味。鲷鱼、金红眼鲷、鲈鱼的皮肉色泽十分艳丽，将其做成刺身的方法就是皮霜技法。将皮肉完全置入开水中，可以使鱼皮变得松软，同时还能去除其腥臭味。注意不要烤过头。烤至鱼皮爆开，放入冰水中冷却，然后仔细擦干。

金红眼鲷

1. 将带皮的鱼身鱼皮朝上放在铁丝网上，将烹饪用纸盖在上边，浇开水。

2. 鱼身全部浇过后，置入冰水中。

3. 冷却后取出，仔细擦干水分后进行加工。

汤引法、浸冰水法

　　将小刺较多的海鳗去刺后置入开水中，待鱼身烫至松软便可尽情享用。这种将鱼放在热水中烫的手法被称作是"汤引（焯）"或是"轻煮"。可以去除多余脂肪，是一种适用于口味清淡的鱼贝类食材的做法。除了用开水，还有将鱼贝置入冰水或茶中以达到同样效果的"冷鲜刺身"和"茶浸刺身"。

焯海鳗

1. 将去刺后的海鳗置入倒有玉酒的开水中（玉酒指的是将一定比例的酒倒入水中）。

2. 等到切口被泡发后捞出。盛在浅筐里放入水中更容易将其捞出。

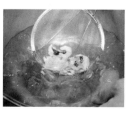

3. 迅速放入冰水中，冷却后将水汽擦干。

茶泡鲷鱼

将削切的鲷鱼肉一片一片置入加过冰的绿茶中涮洗。鱼肉变得紧致后取出，擦去水分。也可以置入倒有玉酒的冰水中涮洗。

用醋腌制的方法

海鳗、秋刀鱼、鲹鱼、沙丁鱼等稍稍带有腥味的青鱼，用醋腌制后可以除去多余的水分和腥臭，使其味道变得清淡。根据鱼的大小、脂肪含量、气温变化等，来改变用盐或醋腌制的时间。

处理时，将盐撒满鱼身，对于脂肪较多的鱼类，当气温较低时，延长处理的时间，以去除鱼腥味。

青花鱼

1. 在鱼身下铺满盐，将鱼肉带皮的一侧向下摆放，在鱼肉上也撒满盐。

2. 放置3小时左右，让鱼被充分腌渍。夏天盐分渗入鱼肉的速度更快，可以适量缩短腌渍的时间。

3. 用水将盐分冲洗干净，擦去水分。

4. 在平底方盘中倒入醋，将鱼身浸入醋中。用厨房用纸巾包裹，静置30分钟左右。

5. 从醋中捞起，去除水分。静置一会儿，让醋沉淀。

6. 制作刺身前剥掉皮，然后再进行处理。

刺身的配菜

消除刺身料理中鱼贝类的腥臭味，改变食物口感和味道，这样的配菜不可或缺。

使用新品种的蔬菜和香料植物等，做出全新的刺身料理，同时也带给人们喜悦。

1　蛇腹黄瓜
2　蘸醋蘘荷
3　花茎甘蓝
4　萝卜泥
5　青葱
6　黄韭菜
7　大野芋头
8　醋拌萝卜丝
9　萝卜泥拌辣椒粉
10　松叶黄瓜
11　螺旋状的胡萝卜丝
12　螺旋状的黄瓜丝
13　螺旋状的红心萝卜丝
14　黄瓜、胡萝卜、水萝卜
15　石笼黄瓜、石笼胡萝卜
16　彩色西红柿
17　蛋黄醋果冻
18　醋味噌果冻
19　核桃
20　刺身魔芋（青海苔）
21　绉绸山椒
22　丸十银杏、南京银杏
23　腐竹魔芋
24　蒜心
25　酸橘
26　山药腐竹
27　蔓草萝卜

配菜

使用口感清脆的蔬菜，切成丝铺在料理盘的最下边。最常见的配菜是萝卜，当使用大量的黄瓜、南瓜、红心萝卜等色彩艳丽的蔬菜和海藻做配菜时，既健康又能吸引食客的目光。为了保证浸过水后的食材的清爽口感，需将水分充分沥干，然后铺在盘中。

辅料

用来增添刺身料理的香气和奢华感。除了青紫苏叶、花开三月的花序、紫芽、红蓼等具有杀菌功能的配菜外，还使用酸橙、柚子、柠檬等带有酸味的辅料来提味。用樱花、枫叶、银杏、蝴蝶等处理过的装饰物，来突出时令性。

作料（辛辣）

芥末、生姜、萝卜泥不仅可以去除鱼贝的腥臭味，还具有杀菌、促进消化等功能。它们同时也是刺身料理中必备的作料。为了更好地利用鱼贝本身的特性，尝试搭配新的食材，如在青鱼料理中加入生姜等，选用与鱼贝类相搭配的食材。

嫩芽菜　胡萝卜丝　苜蓿芽　山榆菜　黄辣椒丝　西蓝花芽　红蓼　嫩芽　蘘荷丝　红辣椒丝

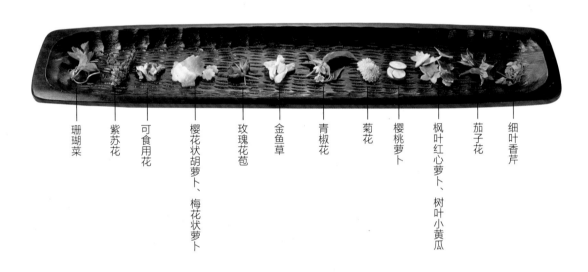

珊瑚菜　紫苏花　可食用花　樱花状胡萝卜、梅花状萝卜　玫瑰花苞　金鱼草　青椒花　菊花　樱桃萝卜　枫叶红心萝卜、树叶小黄瓜　茄子花　细叶香芹

莴苣丝　紫洋葱丝　白萝卜丝　红心萝卜丝　小黄瓜丝　樱桃萝卜丝　南瓜丝　圆白菜丝

刺身用
腌制酱油

若将生鱼片的蘸酱酱油配方稍稍调整，能充分激发出鱼贝类食材的鲜美，还能够品尝到刺身多重的美味。

常见的腌制酱油

刺身酱油（土佐酱油）柚子醋酱油等是常见的腌制酱油。这些腌制酱油均加入了海带和干松鱼，口味温润、厚重。通常会在制作时加入了芥末、生姜、萝卜泥等辅料。

土佐醋

三杯醋（用料酒、酱油和醋各一杯合成的作料）中加入干松鱼拌制而成的作料。味酸，且味道浓厚，在土佐酱油中加入蛋黄醋、香料、蛋黄酱，就能制作出沙拉调料。

◇ 配料（配比）
醋4
高汤4
淡口酱油1
料酒1
干松鱼适量

◇ 制作方法
将调味料置入高汤中，开火煮沸后放入干松鱼，关火冷却，冷却后过滤。

刺身酱油（土佐酱油）

在酱油中加入海带、干松鱼，和少量的带有甜味的调味料做成的口感醇厚的腌制酱油。可以搭配各种鱼贝类，用来提味。耐冷藏，可以预制。

◇ 材料（配比）
浓口酱油6
老抽酱油1
酒2
料酒1
煮汤用的海带适量
干松鱼适量

◇ 制作方法
将调味料和海带放入锅中，煮沸后将海带捞出。关火，放入干松鱼，冷却后过滤。

梅肉酱油

利用梅肉的酸爽口感，做成腌制酱油。除去盐分后用酒煮干，用刺身酱油稀释后，味道就会变得醇厚、柔和。适合搭配烫海鳗和乌贼刺身一同食用。

◇ 材料
梅干适量
酒适量
刺身酱油适量

◇ 制作方法
梅干去核，置入水中泡一夜去以除盐分。放在滤网上加入酒熬制，当梅子呈奶油状时捞出，用刺身酱油稀释。

柚子醋酱油

制作河豚和比目鱼等白身鱼刺身的必备酱料。选用酸橘、臭橙或柚子等自己喜欢的一种榨汁。因为制作时不用开火加热，所以请务必将酒和料酒煮透。

◇ 材料（简易制作的量）
浓口酱油5杯
鲜榨柑橘汁5杯
米醋1杯
煮透的料酒2杯
煮透的酒1杯
高汤用海带30g
干松鱼40g

◇ 制作方法
将所有材料混合后放置一周左右。使用前先过滤。

蛋黄醋

在土佐醋中加入蛋黄制成的浓口调和醋。适合搭配白身鱼、乌贼、虾等淡白色的鱼贝类，鲜黄的色彩也是其亮点之一。加入明胶制成果冻啫喱也别有一番趣味。

◇ 材料（简易制作的分量）
蛋黄4个
土佐醋100mL

◇ 制作方法
土佐醋加入蛋黄，边用搅拌机搅拌，边低温加热。变黏稠后关火。

煎酒

古代用来代替酱油的煎酒。这道料理是在梅子的酸味和盐味上，混入海带和干松鱼的味道。其上等的口感很适合搭配味道清淡的白身鱼。

◇ 材料（简易制作的分量）
酒5杯
梅干（去除盐分）5粒
料酒1~2汤匙
淡口酱油3汤匙
煮汤用海带5g
干松鱼适量

◇ 制作方法
将梅干置入水中去除盐分，将调味料和海带混合煮沸，将海带取出。关火，放入干松鱼，冷却后过滤。

腌制酱油的样式

除了搭配味噌和酱油，还可使用蛋黄酱和沙拉调味汁做出西式风味酱油，用豆瓣酱和芝麻油制作中式风味等腌制酱油，用不同调味料和香料来搭配出多种丰富口味。

红酱沙拉调料　中式芝麻调味汁　萝卜泥芝麻调味汁　刺身酱油

味噌酱油　　　　柚子醋酱油　　　咸调味汁　　　韩式辣椒调味汁

芝麻柚子醋　　　　　　　　　　　　　　　　　奶酪柚子醋

萝卜泥柚子醋　　　　　　　　　　　　　　　　梅肉酱油

　　　　　　　　　　　　　　　　　　　　　　橙子酱油

芥末调味料

芥末调味料　　纳豆调味料　　辣根调味料

莼菜调味料　　梅肉调味料　　豆瓣酱调味料

第四章
材料和制作方法

颇具人气的鱼类刺身料理（P010～084）
小钵装刺身料理拼盘（P085～128）

颇具人气的鱼类刺身料理

* 材料份量为一盘份，且为简易制作的分量。请根据情况适当调整。

真鲷和竹皮裹熏鱼 →P010

材料
- 处理好的鲷鱼—150g
- 竹笋（焯过的）—半根
- 黄瓜（焯过的）—3 根
- 紫萁（焯过的）—3 根
- 竹皮—3 片
- 樱花片—50g

制作方法
1. 将处理过的鲷鱼切成适量大小，用喷枪烘烤带皮的鱼肉，或直接烘烤，然后放入冰水中冷却，除去水分，切成50g左右的大块儿。
2. 将焯过的竹笋纵切成薄片。
3. 在竹皮底面开数个孔，将步骤1中的鲷鱼和步骤2的竹笋，以及黄瓜、紫萁盛在上面，表面用喷枪烘烤，或直接烘烤，烤出焦痕。
4. 在瓦锅中放入樱花片、干萝卜叶子，将上一步中用竹皮包裹的食材盛在上边，用火烤樱花片，冒烟后，即可封盖上桌。
5. 在客人面前打开盖子，食客各自取食即可。

真鲷刺身 →P012

材料
- 处理好的鲷鱼—80g
- 红心萝卜丝、蘘荷丝—各适量
- 青紫苏叶—1 片
- 花开三月的花序、紫芽、芥末、切成螺旋状的胡萝卜丝—各适量
- 酸橘—一半个

制作方法
1. 将处理好的鲷鱼切成适量大小，去皮。一半使用拉切法切好，一半使用削切方法切好。将鱼皮置入开水中烫一下，迅速捞出放入冰水中冷却，除去水分后切碎。
2. 在容器中放入切成丝的红心大萝卜、青紫苏叶，和上一步中切好的两种鱼肉，将切碎的鱼皮摆在上边。加入蘘荷丝，花开三月的花序、紫芽、芥末、酸橘，再用切成螺旋状的胡萝卜丝作为配菜。

薄切真鲷、酱油冻 →P013

材料
- 鲷鱼上身—100g
- 果冻酱油
- 酱油—100mL
- 汤汁—80mL
- 明胶粉—2g
- 切成花朵状的胡萝卜、黄瓜—各适量
- 食用花—适量

制作方法
1. 制作果冻酱油。将酱油和汤汁混合，稍微煮沸后关火。用水溶解明胶粉，倒入锅中混合，待锅稍稍冷却至不烫手的程度，再倒入容器中，放进冰箱冷冻。
2. 将处理好的鲷鱼上身切成适量大小，使用削切法切好后盛在上一步做好的果冻上，摆成放射状。将剩下的鱼片重叠摆放，从一端卷起，摆成盛开花朵的形状，摆在中心。
3. 将切好的装饰用胡萝卜、黄瓜、食用花摆入盘中。

樱鲷的海鲜姿造 →P014

材料

- 鲷鱼—3 条
- 蜜瓜—1 个
- 萝卜丝、胡萝卜丝、黄瓜丝—各适量
- 青紫苏叶—6 片
- 花开三月的花序—6 枝
- 芥末—适量
- 樱花形状的萝卜（用装饰刀法切成的）—适量

制作方法

1. 鲷鱼刮鳞，除去鳃，切开腹腔取出内脏，用水清洗后擦干水分。脊骨上留着鱼头和鱼尾，共切成3片。
2. 从处理好的鱼身上剔除鱼刺和内脏周围的小刺，去皮，使用削切法切成适量大小。
3. 用竹扦将连着脊骨的头尾穿起，用萝卜丝垫在下面，抬起鱼头和鱼尾，用竹扦调整背鳍和胸鳍的姿势，做成舟的造型。
4. 将蜜瓜切成两半，将其中半个挖出果肉，做成锅的形状，将另外半个削皮雕成樱花造型。
5. 在盘中铺上胡萝卜丝和黄瓜丝，摆上蜜瓜锅，将鲷鱼舟盛在上边，再摆上好的另外半个蜜瓜。在鲷鱼舟上摆放配菜，摆上青紫苏叶，再将片好的鲷鱼肉摆在上边，用花序做配饰，摆上芥末。用食用色素给切成樱花状的萝卜着色，摆放整齐。

茶浸鲷鱼 →P016

材料

- 鲷鱼上身—45g
- 绿茶—适量
- 海藻面—适量
- 青紫苏叶—1 片
- 芥末、紫芽—各适量
- 滨防风、花开三月的花序、切成螺旋状的胡萝卜、圣女果—各适量

制作方法

1. 将鲷鱼上身用削切法切成适量大小。
2. 在绿茶中加入冰块，冰镇后将切好的鲷鱼浸入茶水中涮，然后去除水分。
3. 在容器中铺上海藻面，在上边盖上青紫苏叶，再添上芥末、紫芽，用滨防风、花开三月的花序、切成螺旋状的胡萝卜、圣女果作为配菜。

* **海藻面**

- 海藻中提取的水溶性食物纤维加工而成的食品。略带透明感，吃起来嘎吱嘎吱的，用作刺身配菜。用水泡发后食用。

真鲷的花式摆盘 →P017

材料

- 处理好的鲷鱼—80g
- 豆皮—1 片
- 萝卜丝、黄瓜丝、蘘荷丝、胡萝卜丝、南瓜丝—各适量
- 油菜花—1～2 棵
- 酸橘—半个
- 醋腌蘘荷—1 根
- 胖大海—少量

制作方法

1. 将处理好的鲷鱼切成适量大小，去皮，平切。
2. 将切好的鲷鱼，一半置入开水中烫一下，再迅速放入冰水中冷却，去除水分。将剥下的鱼皮用开水烫一下，再放进冰水中冷却，将蘘荷去除水汽，切碎。
3. 在容器上摆放烤过的豆皮、胡萝卜丝、黄瓜丝、蘘荷丝、萝卜丝、南瓜丝。摆放前两步中处理好的鱼肉和鱼皮。添上煮过的油菜花、酸橘、切片的醋腌蘘荷、泡发后切成小块的胖大海做装饰。

真鲷五色卷 →P018

材料
- 削切法切好的鲷鱼—75g（5 片）

果冻原料（简易制作的分量）
- 海带汤—540mL
- 寒天—1 根
- 明胶片—3 片

青柚子果冻
- 果冻原料—90mL
- 磨碎的青柚子皮—1 茶匙

酱油冻
- 果冻原料—90mL
- 酱油—2 汤匙

芥末冻
- 果冻原料—90mL
- 芥末粉—1 茶匙

梅肉冻
- 果冻原料—90mL
- 梅肉—1 汤匙

红藻冻
- 果冻原料—90mL
- 红藻—2 汤匙

- 黄辣椒粉—少量
- 蘘荷丝、切成螺旋状的胡萝卜—各适量
- 雕成枫叶状的红心萝卜和胡萝卜—适量
- 酸橘—1/4 个

制作方法
1. 制作果冻原料。将寒天用水泡发，置入海带汤中煮到融化，关火。再将明胶片用水泡发，放入锅中，待其溶解。
2. 将果冻原料分成几等份，分别与磨碎的青柚子皮、酱油、芥末粉、梅肉、红藻、黄辣椒粉混合，放入平底方盘中冷却凝固。
3. 凝固后，分别切成长条状和方块状。
4. 将切成长条状的果冻用削切的鲷鱼肉分别卷起。
5. 将鲷鱼五色卷盛放在容器中，摆入蘘荷丝、切成螺旋状的胡萝卜、雕成枫叶形状的红心萝卜和胡萝卜，在刺身卷上摆放装饰用的方块状果冻，再将切成圆片的酸橘用于装饰。

头盔造型真鲷 →P019

材料
- 鲷鱼上身—180g
- 南瓜—1 个
- 酸橘—1 个
- 紫芽—适量
- 香葱、滨防风、可食用花—各适量

制作方法
1. 切掉南瓜底部，取出果肉，将南瓜瓤清理干净。切掉作为南瓜头盔面部一侧的南瓜皮，将切下的皮做成侧面的角，附在南瓜头盔上。
2. 将鲷鱼上身使用削切法切成适量大小。将鱼片稍稍重叠摆放，然后从一端开始卷起，再将一侧稍稍打开，做成花朵造型。
3. 在容器中铺上冰，摆入南瓜头盔，再摆入花造型的鲷鱼片。前边摆上青竹，和剩下的鱼片，再添上切半的酸橘和紫芽。将香葱、滨防风、食用花用于装饰。

煎香菇、烤真鲷 →P020

材料
- 鲷鱼上身—50g
- 香菇—1 个
- 盐、白胡椒碎—各适量
- 混合叶子、黑皮南瓜、小水萝卜、切成樱花状的胡萝卜—各适量
- 红辣椒、黄辣椒—各适量
- 芝麻调味料 *—适量

制作方法
1. 使用薄切方法将鲷鱼上身切成适量大小。
2. 将香菇柄去除，放入倒有热油的平底锅中煎，撒上盐和白胡椒碎，盛在器皿里。
3. 在煎好的香菇中铺上切好的鲷鱼片，用喷烧器喷烤表面。
4. 将混合叶子、切丝的黑皮南瓜、薄切的小水萝卜、切成樱花状的胡萝卜摆在香菇上。搭配芝麻调味料。

* 芝麻调味料
材料（简易制作的分量）
- 芝麻酱—15mL
- 浓口酱油—20mL
- 特级初榨橄榄油—15mL
- 蛋黄酱—15mL
- 西式白醋（葡萄酒制成的醋）—20mL

制作方法
- 将全部材料混合后搅拌。

比目鱼带肉脆骨 →P021

材料

- 比目鱼鱼鳍附近的肉—60g
- 紫色圆白菜叶—1 片
- 海藻提取物—适量
- 青紫苏叶、紫芽、芥末、酸橘、花开三月的序、切成螺旋状的胡萝卜—各适量
- 油菜花、雕成蝴蝶状的胡萝卜—各适量

制作方法

1. 将比目鱼鱼鳍附近的肉从鱼身上切下，去皮。在表面刻上格纹，切成适量大小。
2. 在盘中铺上紫色圆白菜叶，将海藻提取物和青紫苏叶叠着摆在上边。再摆上酸橘、紫苏、花序、芥末、切成螺旋状的胡萝卜。将油菜花和雕成蝴蝶状的胡萝卜用于装饰。

比目鱼薄片 →P022

材料

- 比目鱼上身—400g
- 比目鱼脊骨—适量
- 黄瓜丝—适量
- 花开三月的序—4 枝
- 萝卜泥拌辣椒粉、鸭头葱（切成圆片）—各适量
- 柚子醋酱油（制作方法见 P174）—适量

制作方法

1. 用薄切方法将比目鱼上身切成适量大小，在盘中摆成放射状。
2. 清炸比月鱼脊骨。
3. 在盘中靠近自己的一侧摆上黄瓜丝，摆放花序、萝卜泥拌辣椒粉、鸭头葱，最后摆放炸好的脊骨。搭配柚子醋酱油食用。

比目鱼三色砧卷 →P024

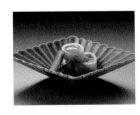

材料

- 比目鱼上身—35g
- 萝卜—适量
- 甜醋*—适量
- 豆角—1 根
- 调味汤汁*—适量
- 红辣椒—适量
- 黄瓜—半根
- 蘘荷—半根
- 圣女果—1 个
- 鸡蛋丝—适量

制作方法

1. 用削切法将比目鱼上身切成适量大小。
2. 萝卜去皮，切成圆片，用盐水浸泡后擦干水分泡入甜醋中。
3. 将豆角放入加了盐的开水中煮，控干水分后浸入预先做好的调味汤汁中。
4. 将红辣椒切碎，用开水稍稍烫一下，浸入甜醋中。
5. 将黄瓜切成圆片，置入盐水中浸泡，变得柔软后捞出，控干水分。
6. 用开水将蘘荷稍稍烫一下再捞出，冷却后浸入甜醋中。
7. 圣女果取蒂，用开水烫一下，再置入冰水中，最后去皮。
8. 将第二步中的萝卜片放在保鲜膜上铺开，将鸡蛋丝和切好的鲷鱼片摆在一起，用第三步中煮好的豆角、第四步中的辣椒做心卷成卷。稍稍放一会儿，待其形状固定后撤掉保鲜膜，切成适口大小（5~7段即可）。
9. 摆盘。

比目鱼缤纷蔬菜卷 →P025

材料

- 比目鱼—60g
- 秋葵—1 根
- 蘘荷—1 根
- 甜醋—适量
- 大野芋头—1 块
- 调味汤汁 *—适量
- 枸杞—1 粒
- 秋葵（酱）—少量
- 山药—少量
- 蘘荷丝、莴苣、胡萝卜—各适量

制作方法

1. 用削切法将比目鱼上身切成适量大小。
2. 将秋葵柄切除，放入盐水中煮过后取出，控干水分。将蘘荷稍稍烫一下，浸入甜醋中。将大野芋头去皮，切成适量长短。稍稍煮一下，控干水分，浸入调味汤汁中。
3. 将片好的比目鱼与处理好的秋葵、蘘荷、大野芋头分别卷成卷，装盘。
4. 在秋葵卷上摆放枸杞的果实，蘘荷卷上摆放秋葵酱，大野芋头卷上摆放山药，配菜选用蘘荷丝、莴苣和胡萝卜。

* 甜醋
材料（配比）

- 高汤—6
- 醋—2
- 甜料酒—1
- 淡口酱油—1

制作方法

- 将材料混合，稍稍煮沸后关火，冷却。

* 调味高汤
材料（简易制作的分量）

- 汤汁—8 杯
- 盐—2 茶匙
- 酒—40mL
- 淡口酱油—1 汤匙

制作方法

- 将汤汁煮沸后加入盐、酒、淡口酱油，冷却后放在通风处。

金目鲷冷盘 →P026

材料

- 处理好的鲷鱼身—60g
- 南瓜、黄瓜、胡萝卜、葱、蘘荷丝—各适量
- 圣女果、秋葵、醋腌蘘荷、胖大海—各适量
- 花椒芽、花椒—各适量
- 酸橘—适量
- 梅肉调味汁 *—适量

制作方法

1. 将处理好的红金眼鲷切成适量大小，用喷烧器或直接用火烘烤鱼皮，置入冰水中，冷却后去除水分，用薄切方法切片，摆盘。
2. 在盘中心摆放切好的5种配菜，再将切成圆片的圣女果、秋葵、蘘荷、胖大海摆放在鱼片上，摆上花椒芽和花椒，将酸橘放在一旁。
3. 在小盘中放入干冰，倒入水放在大盘中，罩上盖子端入客席。
4. 在客席上打开盖子，搭配梅肉调味汁一同食用。

* 梅肉调味汁
材料（便于制作的量）

- 汤汁—3 汤匙
- 浓口酱油—2 茶匙
- 沙拉油—4 汤匙
- 醋—4 汤匙
- 白砂糖—1 茶匙
- 梅肉—2 汤匙

制作方法

- 将所有材料混合搅拌。

金目鲷的汆烫做法 →P028

材料

- 处理好的鱼身—50g
- 黄瓜丝、紫洋葱丝—各适量
- 酸橘（切成圆片）—3 片
- 芥末、紫苏芽、花开三月的花序、切成螺旋状的胡萝卜—各适量

制作方法

1. 将处理好的鱼身切成适量大小，竖着在皮肉上留下几道切痕。将鱼皮朝上放在有纵向纹路的木板上，将木板倾斜，浇淋热水，然后迅速将鱼肉放入冰水中冷却，去除水分后使用拉切方法进行处理。
2. 在盘中放入黄瓜丝、紫洋葱丝，摆放切好的鱼肉，酸橘夹在鱼肉间。再摆上芥末、紫苏芽、花序和切成螺旋状的胡萝卜。

烤金目鯛 →P029

材料
- 处理好的鱼身—60g
- 酸橘—一半个
- 圣女果—一适量
- 盐—适量

制作方法
1. 用拉切方法将鲷鱼切成适量大小，盛在杉木板上。

2. 连同杉木板一起摆盘，添上酸橘、圣女果和盐。
3. 上桌后用喷烧器喷烤鱼皮，烤出焦痕后食用。

梭子鱼刺身 →P030

材料
- 梭子鱼—2 条
- 萝卜丝、芥末、腌莲藕、花开三月的花序、切成螺旋状的胡萝卜丝—各适量

制作方法
1. 将梭子鱼刮鳞，去除鳃和内脏后用水冲洗，擦干水分后切掉头部，切成三片。
2. 去皮，用削切法和拉切方法处理。

3. 将切下的鱼头摆入盘中，放入萝卜丝，摆放用两种方法切好的鱼肉，最后摆放芥末、腌莲藕、花序和胡萝卜丝即可。

牛尾鱼的烧霜做法 →P031

材料
- 处理好的牛尾鱼—60g
- 萝卜丝、蘘荷丝、小水萝卜丝—各适量
- 大野芋头（切成圆片）、花开三月的花序、切成螺旋状的胡萝卜丝、黄瓜条—各适量
- 芥末、紫芽—各适量
- 酸橘—1/4 个

制作方法
1. 将牛尾鱼切成适量大小，用喷烧器，或直接用火烤鱼皮表面，然后置入冰水中，冷却后擦干水分，使用削切法处理。
2. 将萝卜丝、蘘荷丝、小水萝卜丝摆入挖空的竹子中，再摆上半份切好

的鱼肉，放上大野芋头、花序、切成螺旋状的胡萝卜丝，并将黄瓜条摆成如图所示的形状。
3. 在盘中铺满碎冰，将盛满食材的竹子摆在上边，在旁边摆上剩下的鱼肉、芥末、紫芽和酸橘。

平切鰤鱼 →P032

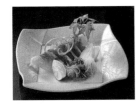

材料
- 鰤鱼上身—70g
- 破竹—1 根
- 蘘荷丝、黄瓜丝—各适量
- 酸橘—1/4 个

- 油菜花、枸杞、蘘荷片—各适量

制作方法
1. 使用拉切法将鰤鱼切成适量大小。

2. 将破竹摆在盘中，摆入切好的鱼肉，在靠近自己的位置摆放蘘荷丝、黄瓜丝、蘘荷，摆放煮过的油菜花、枸杞、切片的蘘荷，以及酸橘。

多彩黄带拟鲹刺身 →P033

材料
- 黄带拟鲹的上身—70g
- 萝卜丝—适量
- 青紫苏叶—1 片
- 小水萝卜丝、芥末、紫芽、酸橘—各适量
- 胡萝卜丝卷—2 个

制作方法
1. 将黄带拟鲹切成适量大小，摆成彩纸的造型。
2. 在盘中放入竹子，摆上萝卜丝，盖上青紫苏叶，将切好的鱼肉摆在上边，竹子旁边也摆上鱼肉，

摆放小水萝卜丝、芥末、紫芽、酸橘。用胡萝卜丝卷作装点。

造型生鱼片 →P034

材料
- 鲦鱼—1 条
- 萝卜丝、蘘荷丝、青紫苏叶、芥末、酸橘—各适量
- 削皮的黑皮南瓜、削皮的小水萝卜—各适量

制作方法
1. 鲦鱼刮鳞，开腹取出鳃和内脏，保持头尾和脊骨相连，将鱼肉切成3片。
2. 去除内脏周围的细骨，拔除小刺，将其中一片去皮，用薄切方法切片。
3. 在另一片鱼肉的皮上划出刻痕，用喷枪或直接用火烤后，放入冰水中，冷却后擦干水分，平切处理。
4. 将脊骨相连的头尾朝上摆放，用竹扦固定住，摆好背鳍和胸鳍的姿势，做成舟的样子。
5. 在盘中铺满碎冰，将鱼

骨摆成的舟盛在上边，撒上萝卜丝，用青紫苏叶盖上，将第二步中切好的鱼片摆在上边，在靠近自己的位置摆放蘘荷丝，再用青紫苏叶盖上，将第三步中做好的鱼肉盛在上边，添上芥末和酸橘。用削皮的黑皮南瓜和削皮的小水萝卜做装饰。

䲗鱼刺身、柚子醋酱油 →P035

材料
- 䲗鱼—1 条
- 柚子醋酱油（制作方法见 P176）—适量
- 小水萝卜片、蘘荷丝、刚发芽的小葱、紫芽、切成螺旋状的胡萝卜、小水萝卜丝、酸橘—各适量

制作方法
1. 首先去除有毒的背鳍，从背鳍根部两侧入刀，将背鳍切下。
2. 从鳃下长胸鳍的部位入刀，切下鱼头。去除鳃，打开腹腔取出内脏，将肝放在一边。用水冲洗鱼身，擦干水分，使用大鸣切法进行处理。将鱼头和脊骨仔细清洗干净，擦干水分摆在盘中心。
3. 用手剥掉鱼皮，再用厨刀刮掉残留的薄皮，使

用薄切方法切片，摆在盘周围。
4. 将剥下的鱼皮用水开水稍稍烫一下，控干水分后切碎，摆在盘中心。
5. 切下肝，在蒜臼中捣碎，与柚子醋酱油混合做成肝拌酱。
6. 另取一个盘子摆上小水萝卜片、蘘荷丝、刚发芽的小葱、紫芽、切成螺旋状的胡萝卜、小水萝卜丝、酸橘，再摆上柚子醋酱油。

太刀鱼刺身 →P036

材料
- 处理好的太刀鱼—80g
- 小水萝卜丝、青紫苏叶—各适量
- 紫芽、芥末—各适量
- 做成蔓草状的萝卜*、食用花—各适量
- 梅子酱油*、或者蛋黄柚子醋—各适量

制作方法
1. 将半份太刀鱼身用喷烧器或直接用火烤,然后迅速放入冰水中,冷却后擦干水汽,做成彩纸造型,另外半份鱼皮朝外卷起,切成适量大小。
2. 在盘中放入小水萝卜丝,盖上青紫苏叶,摆上用两种方法做成的鱼肉,再添上紫芽和芥末,将组成蔓草状的萝卜和食用花用于装饰。
3. 另取容器将梅子酱油或黄酱柚子醋盛在一旁。

＊蔓草形状的萝卜
- 用萝卜和蔓菁的茎做成配菜。斜着从茎切入,纵向切薄。撒上水后卷起,做成蔓草的形状。

＊梅子酱油
材料
- 刺身酱油(制作方法见P174)—适量
- 梅肉—适量

制作方法
- 将刺身酱油和梅肉混合。梅肉事先用水泡一夜,去除盐分,过滤。

＊蛋黄柚子醋
材料
- 柚子醋酱油(制作方法见P174)—适量
- 蛋黄—适量

制作方法
- 将柚子醋酱油和蛋黄混合,用热水低温煮一下,搅拌至润滑。如果仍然黏稠,再开火煮一下,放置冷却。

氽烫海鳝和海鳝刺身 →P037

材料
- 海鳝(活的)—1条
- 南瓜丝、萝卜苗—各适量
- 黄瓜丝、蘘荷丝—各适量
- 花开三月的花序、雕成樱花形状的胡萝卜—各适量
- 鸭头葱(切片)、萝卜泥拌辣椒粉—各适量
- 柚子醋酱油(制作方法见P174)、刺身酱油(制作方法见P174)—各适量

制作方法
1. 用厨刀刮去黏液,从肛门入刀划开腹部,取出内脏后用水清洗腹腔,将血污去除,擦去水分。将鱼身用锥子固定在砧板上,从头部入刀,沿着脊骨切开腹部,去除脊骨。切掉头部,拔除小刺、背鳍,切掉鱼尾。
2. 将切下的鱼身半份去皮,使用薄切方法切片,用冰水清洗后擦干水分,使用薄切方法切片,摆盘。剥下的皮煮过后控干水分,切成适量大小。
3. 剩下的半份鱼身去皮,使用薄切方法切片后,用开水稍稍烫一下,迅速放入冰水中,冷却后擦去水分,摆盘。剥下的皮素炸后切成适量大小。
4. 在第2步中摆好的鱼片周围摆上南瓜丝、萝卜苗和煮过的鱼皮,在第3步中摆好的鱼片周围摆上黄瓜丝和蘘荷丝,以及素炸过的鱼皮。用花序和雕成樱花状的胡萝卜装点,再另外添上鸭头葱、萝卜泥拌辣椒粉、柚子醋酱油和刺身酱油。

河豚刺身 →P038

材料
- 河豚上身—100g
- 河豚皮—20g
- 萝卜丝、青紫苏叶、鸭头葱(切片)、萝卜泥拌辣椒粉、酸橘(切成圆片)—各适量
- 柚子醋酱油(制作方法见P174)—适量

制作方法
1. 选用油脂含量较高的河豚,用薄切方法切片后,在盘中摆成放射状。
2. 将河豚皮煮过后放入冰水中冷却,擦去水分,切碎。
3. 在盘中靠近自己的位置摆放萝卜丝、盖上青紫苏叶,蘘荷摆放鸭头葱、萝卜泥拌辣椒粉、酸橘,以及煮过的鱼皮。另外附上柚子醋酱油。

烤河豚、蛋黄醋调味汁 →P040

材料
- 河豚上身—80g
- 秋葵—1 根
- 蘘荷丝—适量
- 酸橘—1/4 个
- 蛋黄醋沙拉*—适量
- 酱油冻（制作方法见 P180）—适量
- 红辣椒（切成圆片）—适量

制作方法
1. 选用油脂含量高的河豚，用喷枪在表面烤出焦痕，放入冰水中冷却，擦去水分，使用削切法处理。
2. 用盐揉搓秋葵，然后用开水煮出颜色，再置入冰水中冷却。
3. 在盘中摆放秋葵，和5片切好的鱼片。将剩下的鱼片摆出花的造型，放在靠近自己的位置，再摆入蘘荷丝、酸橘，倒入蛋黄醋沙拉。最后将切成小块的酱油冻和红辣椒摆在鱼肉周围。

* **蛋黄醋沙拉**
材料（简易制作的分量）
- 土佐醋（制作方法见 P174）—90mL
- 蛋黄—4 个

制作方法
- 将土佐醋和蛋黄混合，隔水低温加热，不断搅拌至润滑。如果仍然黏稠，再用开水煮一下，然后放置冷却。

河豚薄片和剥皮鱼肝酱 →P041

材料
- 河豚上身—1 条
- 剥皮鱼肝—20g
- 青紫苏叶、白发葱（将长葱白部分纤维纹路切丝）—各适量
- 南瓜丝、酸橘、切成螺旋状的胡萝卜、黄瓜—各适量
- 柚子醋酱油（制作方法见 P174）—适量

制作方法
1. 选用油脂含量高的河豚，用薄切方法切片，摆在青竹上。
2. 将剩下的鱼肉切碎，与剥皮鱼肝拌在一起。在用萝卜做成的舟上铺上青紫苏叶，摆上白发葱。
3. 在盘中铺满碎冰，将青竹和萝卜舟摆入盘中，加入南瓜丝、黄瓜、酸橘，用切成螺旋状的胡萝卜装饰。另外附上柚子醋酱油。

烤海鳗 →P042

材料
- 处理好的海鳗—60g
- 大野芋头—1/4 根
- 土佐醋（制作方法见 P174）—适量
- 南瓜丝—适量
- 酸橘（切成圆片）、小水萝卜（切成圆片）、紫芽、芥末 —各适量

制作方法
1. 用处理好的鳗鱼身，保留鱼皮，将带肉的骨头切碎，切成3cm左右。用喷枪喷烤两面，烤出焦痕。
2. 大野芋头去皮，切碎至适量大小。煮过后浸入调味汤汁。
3. 在盘中摆入泡过的芋头块，摆入南瓜丝，盛放第1步中处理好的鱼肉，再添上酸橘、小水萝卜、紫芽、芥末。

白灼海鳗、梅肉拌山药汁 →P043

材料

- 处理过的海鳗—200g
- 梅肉山药汁*—适量
- 土佐醋啫喱（制作方法见 P193）—适量
- 水黄瓜、樱桃萝卜（细切）、紫苏花、秋葵（切成圆片）、山萝卜—各适量

制作方法

1. 将海鳗鱼处理干净，保留鱼皮，去骨后，切成3cm左右的段。置入开水中，等到鱼肉炸开时取出，放入冰水中冷却。
2. 在盘中摆入上一步中处理好的鱼肉，撒上水黄瓜，上面摆上樱桃萝卜、紫苏花、秋葵、山萝卜，再倒入梅肉山药汁和土佐醋啫喱。

***梅肉山药汁**
材料（便于制作的量）

- 山药泥—60g
- 梅肉—5g

制作方法

- 将日本芋和山药磨碎，与梅肉混合。将梅肉提前用水泡一夜，去除盐分，过滤。

海鳗锅 →P044

材料

- 处理过的海鳗—80g
- 青紫苏叶—1 片
- 黄瓜丝、蘘荷丝、小水萝卜丝—各适量
- 紫苏花序、胖大海—各适量
- 切成螺旋状的胡萝卜—适量
- 梅肉—适量
- 醋味噌*—适量

制作方法

1. 将海鳗鱼处理干净，保留鱼皮，去骨后，切成3cm左右的段。等到鱼肉炸开时取出，放入冰水中冷却。
2. 在青竹中铺上青紫苏叶，将处理好的鱼肉摆在上面，摆上黄瓜丝、蘘荷丝、小水萝卜丝、紫苏花序、泡发的胖大海，切成螺旋状的胡萝卜。在鱼肉上摆上梅肉，再摆上醋味噌。

***醋味噌**
材料（简易制作的分量）

- 玉味噌—100g
- 醋—3 汤匙
- 淡口酱油—少量

制作方法

- 在玉味噌中加入醋，用淡口酱油调味（将 200g 白豆酱、5 个蛋黄、50mL 料酒、59mL 酒、75g 白砂糖混合后，微火熬制、搅拌即为玉味噌）。

鲣鱼的银皮切法和烧霜技法 →P046

材料

- 处理过的鲣鱼—80g
- 盐—适量
- 萝卜丝、青紫苏叶—各适量
- 芥末、酸醋、紫苏芽、紫苏花—各适量
- 切成螺旋状的胡萝卜、切成松叶状的黄瓜、切成松叶状的土当归—各适量
- 蒜末柚子醋*—适量

制作方法

1. 处理好的鱼身，鱼皮朝上摆放，用厨刀从中间切开，使用八重切法处理。
2. 在盘中放入萝卜丝，盖上青紫苏叶，将切好的鱼肉摆在上面，摆上芥末、酸橘、紫苏芽、紫苏花，用切成螺旋状的胡萝卜丝、切成松叶状的黄瓜、切成松叶状的土当归装饰。将蒜末柚子醋盛在一旁。

***蒜末柚子醋**
材料（便于制作的量）

- 柚子醋酱油（制作方法见 P174）—100mL
- 浓口酱油—50mL
- 醋—20mL
- 芝麻油—少量
- 蒜末—1 瓣的量

制作方法

- 将所有材料混合后搅拌均匀。

青竹盛鲣鱼刺身 →P047

材料

- 鲣鱼上身—60g
- 干洋葱、胡萝卜丝、萝卜苗—各适量
- 芥末、紫芽、小水萝卜（切成薄片）—各适量
- 刺身酱油（制作方法见P174）—适量

制作方法

1. 使用平切法将处理好的鲣鱼上身切成适量大小。
2. 将切好的鱼肉盛在青竹里，将干洋葱、胡萝卜丝、萝卜苗混合后放入，摆放芥末、紫芽、小水萝卜。另取容器将刺身酱油盛在一旁。

鲣鱼刺身 →P048

材料

- 鲣鱼上身—75g
- 蘘荷丝、紫苏花—各适量

制作方法

1. 用平切法将鲣鱼切成适量大小。
2. 在盘中放入蘘荷丝、摆放切好的鱼肉，放入紫苏花。

炙烤鲣鱼 →P049

材料

- 处理好的鲣鱼（腹身）—75g
- 蘘荷丝、小水萝卜丝、黄瓜丝、胡萝卜丝、干洋葱（切成薄片）、荞麦芽—各适量
- 小葱（切片）、萝卜泥拌辣椒粉—各适量
- 柚子醋酱油（制作方法见 P174）—适量
- 柠檬—1/4 个

制作方法

1. 选用鲣鱼腹身，处理好后在两面撒上盐。烘烤带皮的一侧，烤出焦痕，另一侧也轻微烘烤，置入冰水中。
2. 擦去鱼身表面水汽，将鱼皮朝上摆放，使用拉切方法将其切成适量大小。
3. 在盘中摆放配菜、小葱片、荞麦芽，码放切好的鱼肉，在靠近自己的位置放上小葱和萝卜泥拌辣椒粉，再摆入柠檬。另取容器将柚子醋酱油摆在一旁。

三文鱼刺身 →P050

材料

- 三文鱼上身—75g
- 青紫苏叶、萝卜丝、南瓜丝、芥末、紫芽、紫藤花序—各适量

制作方法

1. 选用处理好的三文鱼上身，使用平切和削切法切成适量大小。
2. 在盘中铺上青紫苏叶，将切好的鱼肉摆在上面，摆放萝卜丝、南瓜丝，再添上芥末、紫芽、紫藤花序。

三文鱼冷盘 →P051

材料

- 三文鱼上身—120g
- （葱、紫洋葱、圆白菜、小水萝卜、蘘荷、黄瓜、胡萝卜）切丝—各适量
- 萝卜苗、紫芽—各适量
- 切成松叶状的黄瓜、切成松叶状的土当归—各适量
- 圣女果—5 个
- 芝麻调味汁*—适量

制作方法

1. 将处理好的三文鱼上身使用薄切方法切成片，摆盘。
2. 将切丝的配菜过下水，擦干水分后摆在盘中心，摆入萝卜苗和紫芽。在摆好的三文鱼片上撒上切成松叶状的黄瓜、土当归和圣女果。另取容器将芝麻调味汁盛在竹碗里摆在一旁。

* 芝麻调味汁
材料

- 色拉油—1 杯
- 醋—半杯
- 芝麻油—2 汤匙
- 浓口酱油—1/4 杯
- 白砂糖—1 汤匙
- 碎芝麻—1 汤匙

制作方法

- 将芝麻倒入蒜臼里捣碎，加入色拉油以外的其他材料混合，搅拌至滑顺后，边加入色拉油边搅拌。

三文鱼的花形摆盘 →P052

材料

- 三文鱼上身—40g
- 圆白菜丝、胡萝卜丝—各适量
- 青紫苏叶—1 片
- 酸橘—1/4 个
- 紫苏芽—适量
- 红辣椒、黄辣椒（切碎）—各少量
- 圣女果—1/4 个
- 可食用花—适量

制作方法

1. 将处理好的三文鱼上身使用削切法切成适量大小，纵向重叠摆放，从一端开始卷起，将一侧打开，摆成盛开的花状。
2. 在盘中放入圆白菜丝、胡萝卜丝，再摆入做成花造型的鱼肉。铺上青紫苏叶，将酸橘、紫苏芽盛在上面，撒上切碎的辣椒，用雕好的圣女果和可食用花、红辣椒、黄辣椒装饰。

三文鱼水果卷 →P053

材料

- 三文鱼上身—90g
- 菠萝、橘子、苹果、猕猴桃、西柚—各适量
- 萝卜丝、黄瓜丝、蘘荷丝—各适量
- 小水萝卜—2 片
- 四季豆、紫蕨菜、油菜花—各 1 根
- 和风调味汁*—适量

制作方法

1. 使用削切法将处理好的三文鱼上身切成5片。
2. 将菠萝、橘子、苹果、猕猴桃、西柚分别去皮，切成长条。
3. 用切好的鱼片分别将以上5种水果卷起，摆盘。在靠近自己的位置摆上萝卜丝、黄瓜丝、蘘荷丝，用小水萝卜、用盐水煮过的四季豆、紫蕨菜、油菜花作为配菜。另取容器将和风调味汁盛在一旁。

* 和风调味汁
材料（便于制作的量）

- 海带酱油—45mL
- 料酒—45mL
- 醋—90mL
- 芥末—5g

制作方法

- 将材料混合后充分搅匀。将海带酱油、料酒按照相同比例混合后，加入醋、芥末开火煮沸，捞出海带冷却，制成和风调味汁。

金枪鱼刺身 →P054

材料

- 金枪鱼中段（平切）—
  3 片
- 金枪鱼瘦肉（平切）—
  3 片
- 金枪鱼瘦肉（角切）—
  3 片
- 金枪鱼腹身—2 片
- 青紫苏叶、萝卜丝、花
  椒嫩叶、切成松叶状的
  土当归、雕成蝴蝶状的
  胡萝卜—各适量

制作方法

1. 金枪鱼的中段使用平切
   法，金枪鱼瘦肉使用平
   切和角切两种方法，将
   腹身连同鱼皮汆烫，摆
   成彩纸造型。
2. 在盘中铺上青紫苏叶，
   摆上萝卜丝，摆上鱼
   肉，用花椒嫩叶、松叶
   状的土当归和雕成蝴蝶
   状的胡萝卜装饰。

金枪鱼的角切法 →P055

材料

- 金枪鱼富含脂肪的部
  分—60g
- 萝卜丝、青紫苏叶—
  各适量
- 酸橘、紫芽、芥末、切成
  螺旋状的黄瓜—各适量

制作方法

1. 将金枪鱼切成棒状，然
   后使用角切方法切成适
   量大小。
2. 在盘中放入萝卜丝、铺
   上青紫苏叶，将切好的
   鱼肉盛在上面，再摆入

酸橘、紫芽、芥末、切
成螺旋状的黄瓜。

金枪鱼刺身什锦拼盘 →P056

- 金枪鱼配苦椒酱
- 金枪鱼浇山药汁
- 金枪鱼厚切

材料

- 金枪鱼瘦肉—90g
- 萝卜、南瓜、胡萝卜—
  各适量
- 山芋酱—适量
- 牛油果—适量
- 苦椒酱—适量
- 胡萝卜丝、萝卜丝、南
  瓜丝—各适量
- 青紫苏叶—3 片
- 切成螺旋状的胡萝卜和
  黄瓜、用胡萝卜雕成
  的器皿、芥末、红藻—
  各适量

制作方法

1. 使用拉切方法将处理好
   的金枪鱼瘦肉切成9片。
2. 分别将萝卜、南瓜、胡
   萝卜削皮，切成厚片，
   再切成带状，以一个角
   为顶点，将两边卷起，
   底边切平整，立在盘中
   摆成筒形。
3. 在萝卜筒中放入胡萝卜
   丝，盖上青紫苏叶，摆
   上3片鱼肉。
4. 在南瓜筒中放入萝卜
   丝，盖上青紫苏叶，摆

上3片鱼肉、山芋酱，
用切成螺旋状的胡萝卜
和黄瓜装饰。

5. 将剩下的3片鱼肉与切
   成同样大小的牛油果混
   合，与苦椒酱拌在一
   起，在胡萝卜筒中放入
   南瓜丝，盖上青紫苏
   叶，将拌好的鱼肉摆在
   上面。
6. 摆上用胡萝卜雕成的
   器皿，装入芥末以及
   红藻。

削切沙丁鱼 →P057

材料

- 沙丁鱼—1 条
- 萝卜丝—适量
- 大野芋头（切片）—3 ~ 4 片
- 小水萝卜丝—适量
- 芥末、紫苏芽、酸橘—各适量
- 紫苏花、切成螺旋状的胡萝卜—各适量

制作方法

1. 沙丁鱼刮鳞后，切掉头部，取出内脏。用水清洗干净，擦干水分，切成3片。将鱼身上的腹骨及小刺剔除，去皮，使用削切法切成适量大小。
2. 在青竹中放入萝卜丝，将大野芋头叠在上面，用半份切好的鱼肉卷起，盛在上面。
3. 另取一小钵，摆上大野芋头和小水萝卜丝，将剩下的鱼肉卷起，盛在上面。在靠近自己的位置摆上芥末、紫苏芽、酸橘。用紫苏花和切成螺旋状的萝卜装饰。
4. 在大钵中铺满冰，将前两步中的器皿摆在上面。

味噌拌竹荚鱼刺身碎 →P058

材料

- 鲹鱼上身—1 条
- 蘘荷丝、黄瓜丝、紫洋葱丝、小水萝卜丝—各适量
- 生姜末—适量
- 滨防风、切成松叶状的土当归—各适量

制作方法

1. 用厨刀在鲹鱼上身的鱼皮上划出网格状斑纹，使用平切法切成适量大小。
2. 在盘中放入蘘荷丝、黄瓜丝、紫洋葱丝、小水萝卜丝，再将切好的鱼肉摆入，放入生姜末，用滨防风和切成松叶状的土当归装饰。

赤玉味噌风味竹荚鱼酱 →P059

材料

- 鲹鱼上身—60g
- 红玉味噌 *—40g
- 炒白芝麻—少量
- 碎葱、酸橘—各适量
- 青紫苏叶—1 片
- 西红柿（切成扇形的块）—1 块
- 萝卜丝—适量
- 生姜末、芥末—各适量
- 紫苏花—1 株

制作方法

1. 将处理好的鲹鱼上身剁碎后，加入红玉味噌混合搅拌。
2. 将搅拌好的鱼肉装进器皿里，撒上炒白芝麻，将碎葱和酸橘摆在顶端。
3. 另取器皿，将装有鱼肉的器皿盛在上面，在靠近自己的位置铺上青紫苏叶，摆上西红柿、萝卜丝、生姜末、芥末，以及紫苏花。

* **红玉味噌**
材料（简易制作的分量）

- 红褐色豆酱—100g
- 白砂糖—60g
- 煮至挥发的料酒—1 汤匙
- 煮至挥发的酒—1 汤匙
- 蛋黄—2 个

制作方法

- 将除蛋黄以外的材料混合，微火熬至略微变稠，加入蛋黄混合，冷却并过滤。

竹荚鱼砧卷 →P060

材料

- 鲹鱼上身—50g
- 去皮萝卜，再切成长条状（15cm×4cm）—适量
- 黄瓜—适量
- 大野芋头—适量
- 调味高汤（制作方法见P182）—适量
- 醋腌蘘荷—1颗
- 蕨菜—1根
- 蛋黄醋（制作方法见P174）—适量

制作方法

1. 使用削切法将鲹鱼上身切成适量大小。切剩下的边角料可以用醋腌制。
2. 将黄瓜切碎。
3. 在保鲜膜上摆放切成带状的萝卜，将鲹鱼和黄瓜放在上面卷成卷，然后用保鲜膜包裹至定形。
4. 将鲹鱼卷切开装盘，摆上在调味汤汁中浸泡过的大野芋头、醋腌蘘荷、煮过的蕨菜，再配上蛋黄醋。

金山寺味噌风味竹荚鱼酱 →P061

材料

- 鲹鱼上身—半条（约60g）
- 青紫苏叶、蘘荷、黄瓜、紫洋葱—各适量
- 萝卜苗—适量
- 白芝麻—适量
- 金山寺味噌、生姜末—各适量

制作方法

1. 用厨刀拍打鲹鱼。
2. 将青紫苏叶、蘘荷、黄瓜、紫洋葱切丝，过一遍水，然后控干水分。
3. 将第1步做好的鱼肉盛在盘中，添上第2步切丝的配菜和萝卜苗、白芝麻，搭配混合了生姜末的金山寺味噌。
4. 一边将所有食材混在一起，一边食用。

秋刀鱼造型生鱼片 →P062

材料

- 处理好的秋刀鱼—半条
- 萝卜苗、小水萝卜丝—各适量
- 酸橘—1/4 个
- 切成螺旋状的红心萝卜、橙辣椒（切成圆片）—各适量
- 炸甘薯—1 块

制作方法

1. 将处理好的秋刀鱼去皮，做成鸣门造型。剩下半份用醋腌制后做成彩纸造型。
2. 在盘中放入萝卜苗和小水萝卜丝、摆放用两种方法制成的鱼肉，再添上酸橘。用切成螺旋状的红心萝卜、橙辣椒、炸甘薯装饰。

烤秋刀鱼 →P063

材料

- 处理好的秋刀鱼—半条
- 青紫苏叶—1 片
- 蘘荷丝、蒜瓣、酸橘（切片）、芥末—各适量
- 雕成枫叶形状的胡萝卜和红心萝卜、雕成蝴蝶状的胡萝卜和甘薯—各 1 片
- 紫苏花序、黄菊—各少量

制作方法

1. 将处理好的秋刀鱼带皮的一侧用喷枪或直接用火烤，置入冰水中，冷却后擦去水分，使用削切的方法切成适量大小。
2. 在盘中铺上青紫苏叶，将切好的鱼片盛在上面，在靠近自己的位置摆上蘘荷丝、蒜瓣、酸橘、

盛有芥末的枫叶状胡萝卜，将枫叶状的红心萝卜、雕成蝴蝶状的胡萝卜和甘薯用作配菜，紫苏花序和黄菊用于装饰。

针鱼砧卷 →P064

材料

- 针鱼—半条
- 黄瓜—半根
- 咸鲑鱼子—少量
- 萝卜泥—少量
- 土佐醋（制作方法见 P174）—2 汤匙
- 土佐醋啫喱 *—适量
- 花藕（甜醋腌渍）—1 片
- 醋腌蘘荷—1 根
- 切成锚形状的防风 *—1 根
- 樱桃萝卜（切成圆片）—2 片

制作方法

1. 将针鱼切成3片，剔除腹腔的细骨、小刺，去皮后纵向切成两半。
2. 刮去黄瓜外侧绿色部分，切成带秒后浸入盐水，泡软后用水冲洗，擦去水分。
3. 摊开黄瓜，将切好的鱼肉盛在上面，用制作海带卷的方法卷起，定形。切成适量大小。
4. 将咸鲑鱼子与去除水分的萝卜泥、土佐醋拌在一起。
5. 在盘中摆放卷好的鱼肉卷、上一步中拌好的酱料，将土佐醋啫喱倒在

周围。将用甜醋腌制的花藕、醋腌蘘荷、切成锚形状的防风、樱桃萝卜用作配菜。

* **土佐醋啫喱**

材料（简易制作的方法）

- 土佐醋（制作方法见 P174）—180mL
- 明胶粉—3g

制作方法

- 将土佐醋用火煮至沸腾后关火，加入用水泡发的明胶，冷却后倒入平底方盘中，放入冰箱冷冻。完成后放在盘子等器皿中，搅拌至果冻状。

针鱼的黄莺造型 →P065

材料

- 针鱼—2 条
- 圆白菜—1 个
- 醋腌蘘荷—1 根
- 小水萝卜（切成圆片）—适量
- 酸橘—1/4 个
- 芥末、紫苏芽、南瓜丝—各适量
- 雕成樱花状的胡萝卜—适量

制作方法

1. 将针鱼切成三片，保持头尾与脊骨相连。剔除腹部细骨、小刺，去皮切成条状。
2. 将小水萝卜、酸橘等垫在脊骨下面，摆成头尾朝上的造型。
3. 将剥下的鱼皮用油炸。
4. 在盘中铺上碎冰和圆白菜叶，将摆好的鱼骨盛

在上面。将切好的鱼肉卷起，摆入盘中，再放入醋腌蘘荷与炸鱼皮。
5. 小水萝卜过水，切成装饰用的形状摆在冰上，再摆上芥末、紫苏芽、南瓜丝，最后将雕成樱花状的胡萝卜摆在鱼肉上。

烫虾 →P066

材料
- 凤尾虾—2 只
- 萝卜丝—适量
- 海藻提取物—适量
- 青紫苏叶—1 片
- 芥末、紫苏芽、胖大海、酸橘—各适量
- 雕成枫叶状的胡萝卜、雕成蝴蝶状的胡萝卜—各 1 片

制作方法
1. 去掉凤尾虾的头部，剥掉尾节残留的壳，从背部入刀，取出背肠。
2. 将虾尾用开水烫至变色后，将整只虾放入开水中汆烫。然后置入冰水中，冷却后去除水分。头部需要完全煮熟。
3. 在青竹中铺上青紫苏叶和海藻提取物，将一只虾盛在上面。在青竹中靠近手边的位置放上另一只虾，再摆上芥末、紫苏芽、酸橘、泡发的胖大海，用雕成枫叶状的胡萝卜和雕成蝴蝶状的胡萝卜装饰。

青竹盛烫虾 →P067

材料
- 竹子—1 段
- 凤尾虾—3 只
- 青紫苏—适量
- 芥末、酸橘—各适量
- 红辣椒和黄辣椒（切碎）、雕成樱花状的胡萝卜、雕成青蛙状的黄瓜、切成螺旋状的黄瓜等—各适量

制作方法
1. 取出背肠，切掉头部，剥掉尾节残留的壳。
2. 事先将虾尾用开水烫至变色后，将整只虾放入开水中汆烫。置入冰水中，冷却后去除水汽。头部需要完全煮熟。
3. 在盘中摆上竹子，铺上碎冰，将剥好的虾头、尾交替摆放，摆入盛着芥末和酸橘的小酒盅。摆入辣椒、雕成樱花状的胡萝卜、雕成青蛙状的黄瓜、切成螺旋状的黄瓜、青紫苏等色彩缤纷的配菜。

龙虾刺身 →P068

材料
- 处理好的龙虾—150g
- 南瓜丝—适量
- 酸橘（切片）—1 个
- 紫苏芽、芥末、可食用花、切成螺旋状的胡萝卜—各适量

制作方法
1. 将龙虾腹部朝上摆放，从头部和躯干间入刀，切掉头部。从躯干两侧入刀剥掉腹部的壳，再用手将虾身的壳剥掉。
2. 将处理好的虾身切成块。
3. 在盘中放入南瓜丝、竖着摆入酸橘、切好的虾身。放入紫苏芽、芥末、可食用花、切成螺旋状的胡萝卜。

乌贼的花式摆盘 →P069

材料
- 处理好的剑尖乌贼—1 只
- 大野芋头—适量
- 鸡蛋丝—适量
- 青紫苏叶—适量
- 青笋—适量
- 黄瓜丝、蘘荷丝—各适量
- 紫芽花、紫苏芽、切成螺旋状的胡萝卜—各适量
- 芥末、生姜末—各适量

制作方法
1. 将处理好的乌贼分成三等份。将其中一份切成条状。
2. 将另一份再分成三等份，按照乌贼、大野芋头、乌贼、鸡蛋丝、乌贼的顺序叠在一起用博多切法进行处理。
3. 剩下的一份铺上青紫苏叶，上面摆放用盐水煮过的青笋，用鸣门切法进行处理。
4. 在盘中放入黄瓜丝和蘘荷丝，再将做好的三种刺身盛入，用紫苏芽、紫苏花、切成螺旋状的胡萝卜装饰，再添上芥末和生姜末。

金乌贼拼盘 →P070

材料

- 处理好的金乌贼—半只
- 南瓜丝、黄瓜丝、青紫苏叶—各适量
- 春季的蔬菜（竹笋、蚕豆、油菜花、小水萝卜、款冬、葱花、野萱草芽、黄瓜香、楤木芽、韭黄）—各适量
- 调味高汤（制作方法见P182）—适量
- 装饰用胡萝卜—适量
- 刺身酱油、芝麻醋*、梅肉—各适量

制作方法

1. 将金乌贼内脏及足去掉。用水清洗躯干，擦干水分。剥掉皮和鳍。
2. 清理处理好的乌贼，切成适量大小。其中一半使用削切法处理，将切下的鱼片稍稍重叠，卷在一起，一侧打开后摆成花的造型。共做出两朵。
3. 剩下的一半鱼身表面划出网格状刻痕，用喷枪或直接用火烤出焦痕，再置入冰水中，冷却后擦去水分。切成适量大小。
4. 剥掉鳍上的皮，切碎。将足切成适量大小，用水煮过后擦去水分。
5. 在盘中铺上碎冰，摆上南瓜丝、黄瓜丝，盖上青紫苏叶，将两朵乌贼花盛在上面。在靠近自己的位置摆放烤过的另一半鱼肉以及切好的足。
6. 将春季蔬菜用开水烫过后，置入调味汤汁中浸泡，盛在盘中间隙处。

将雕好的胡萝卜用于装饰，再另外添上刺身酱油、芝麻醋和梅肉。

＊芝麻醋
材料（便于制作的量）

- 炒芝麻—100g
- 白砂糖—1茶匙
- 醋—50mL
- 海带汤汁—25mL
- 煮至挥发的料酒—25mL
- 淡口酱油—5mL

制作方法

- 炒芝麻和白砂糖混合搅拌后加入其他材料，搅拌至膏状，用汤汁来调整稠度。

金乌贼海鲜姿造 →P072

材料

- 处理好的金乌贼—1只
- 海藻提取物—适量
- 青紫苏叶—1片
- 酸橘—1/4个
- 生姜末—适量
- 紫苏花、切成螺旋状的胡萝卜、食用花—各适量
- 竹笋—1根

制作方法

1. 去掉金乌贼软骨、内脏及足。用水清洗躯干，擦干水分。剥掉皮和鳍并清理干净。
2. 将处理好的乌贼切成适量大小，在表面竖着划出细细的刻痕，然后使用薄切方法切片。
3. 将切下的鳍和足处理干净，下水煮沸。
4. 在盘中铺上海藻提取物，盖上青紫苏叶，摆上鳍，再将处理好的鱼身盛入。添上足和装饰用的竹笋，摆放酸橘、生姜末、紫苏花、切成螺旋状的胡萝卜，以及食用花。

章鱼的波浪造型 →P073

材料

- 活章鱼足—65g
- 裙带菜—适量
- 萝卜丝、青紫苏叶、滨防风、芥末、紫苏芽、切成螺旋状的胡萝卜—各适量

制作方法

1. 用盐揉搓活章鱼足，将黏液挤出，用水冲洗，置于开水中煮，取出后做成波浪造型。
2. 用热水烫一下裙带菜，烫至变色后取出，切整齐并折叠。
3. 在盘中放入萝卜丝，铺上青紫苏叶，将做成波浪造型的章鱼盛在上面，摆上裙带菜、滨防风、芥末、紫苏芽，以及切成螺旋状的胡萝卜。

章鱼的薄切造型 →P074

材料

- 活章鱼足—65g
- 大野芋头、韭黄—各适量
- 调味高汤（制作方法见P182）—适量
- 萝卜丝—适量
- 紫苏花、醋腌蘘荷、小水萝卜（切成圆片）—各适量
- 梅肉果冻 *—适量
- 梅肉酱油（制作方法见P174）—适量

制作方法

1. 用盐揉搓活章鱼的足，将黏液挤出，用水冲洗。擦干水分后将吸盘连同皮一起剥掉。
2. 使用薄切方法将鱼身切成适量大小，摆盘。
3. 将吸盘置于开水中煮，然后置入冰水中，冷却后擦去水分。
4. 将大野芋头切碎，煮过后控干水分。将韭黄切成同样长短，稍稍煮一下，然后控干水分。再将煮过的大野芋头和韭黄分别浸入调味高汤中。
5. 在盘中心摆放浸泡过的大野芋头和韭黄，摆放萝卜丝、紫苏花序、醋腌蘘荷、小水萝卜。在章鱼肉上摆放处理好的吸盘，接着摆放切碎的梅肉果冻。另取容器将梅肉酱油盛在一旁。

* **梅肉果冻**

材料（便于制作的量）

- 梅肉—100g
- 浓口酱油—75g
- 白砂糖—50g
- 海带汤汁—250mL
- 吉利丁粉—20g

制作方法

- 向海带汤汁中加入吉利丁粉，开火煮沸，待温度降低，吉利丁粉溶解后加入其他材料。关火冷却，放入冰箱中冷冻。

赤贝的小鹿造型 →P075

材料

- 赤贝—1 个
- 青木瓜盅—1 个
- 海藻提取物—适量
- 青紫苏叶—1 片
- 紫苏芽、青葱（切片）、南瓜丝、酸橘、圣女果、裙带菜、胖大海—各适量

制作方法

1. 使用剥壳器撬开赤贝，剥下贝肉并取出。切开肉身去除裙边，用水洗干净后擦干水分。
2. 将裙边上的泥肠取下后用盐揉搓，用水清洗并擦去水分。
3. 用水仔细清洗外壳，擦去水分。
4. 在贝肉上划出网状刻痕，并切成两半。
5. 在青木瓜盅里铺上海藻提取物，再将洗净的外壳盛在上面，铺上青紫苏叶。将赤贝和裙带摆在壳里，摆放南瓜丝、酸橘、圣女果，以及泡发的胖大海。

鲍鱼的削切法 →P076

材料

- 鲍鱼—1 条
- 萝卜盅—1 个
- 南瓜丝、萝卜丝、青紫苏叶—各适量
- 圣女果—适量
- 胡萝卜、萝卜苗—各适量
- 芥末—适量

制作方法

1. 在鲍鱼上撒粗盐，用刷子刷表面，用水冲洗。用勺子等插入缝隙撬开外壳，取下壳肉，注意不要伤到内脏。
2. 从取下的壳肉上切下嘴部及周围的部分，再切下鳍。
3. 在鱼身表面竖着刻下痕迹，使用薄切法切片。
4. 将壳中剩余的内脏剥离，置于盐水中煮，取出后切成小块，用竹扦穿起来。
5. 在大钵中铺上碎冰，摆上萝卜盅，放入南瓜丝，再将洗净的鲍鱼壳盛在上面，壳中摆上萝卜丝，用青紫苏叶盖上，盛上切好的鱼肉。用圣女果装饰。
6. 将竹串插在冰上，摆上雕成花造型的胡萝卜、萝卜苗和芥末。

烫牡蛎 →P077

材料

- 牡蛎—1 个
- 萝卜丝—适量
- 青紫苏叶—1 片
- 酸橘—1/4 个
- 圣女果、紫苏花——各适量

制作方法

1. 从牡蛎壳中取出肉，用萝卜泥揉搓，去除污垢后用水冲洗，然后稍稍烫一下，再置入冰水中，冷却后擦干水分。
2. 将外壳清洗干净，摆入盘中。放上萝卜丝，盖上青紫苏叶，将处理好的牡蛎肉盛在上面，然后添上酸橘，用圣女果和紫苏花装饰。

蝾螺切片 →P078

材料

- 蝾螺—1 个
- 黄瓜片—适量
- 醋腌蘘荷、小水萝卜片、雕成松叶状的土当归和黄瓜—各适量
- 醋味噌（制作方法见 P187）—适量

制作方法

1. 将小刀伸插进蝾螺壳中，转动外壳，将螺肉连同内脏一并取出。将内脏从螺肉上剥离，切掉边缘，再切掉嘴部。用盐揉搓后用水冲洗，擦去水分，再将外壳清洗干净。
2. 切开砂囊，取下内脏，使用削切法将蝾螺肉切薄。
3. 在壳中摆入切成薄片的黄瓜，再将切薄的蝾螺肉盛在上面，摆入盘中。添上醋腌蘘荷、小水萝卜，将雕成松叶状的土当归和黄瓜用于装饰。另取容器将醋味噌盛在一旁。

蝾螺肉南瓜盅 →P079

材料

- 蝾螺—2 个
- 南瓜盅—1 个
- 海藻提取物—适量
- 萝卜丝、青紫苏叶、芥末—各适量
- 水滴樱桃萝卜、去皮的黄瓜—各适量

制作方法

1. 将小刀伸进蝾螺壳中，转动外壳，将螺肉连同内脏一并取出。将内脏从螺肉上剥离，切掉边缘，再切掉嘴部。用盐揉搓后用水冲洗，擦去水分。
2. 切开砂囊取下内脏，使用削切方法将蝾螺肉切薄。再将内脏切成两份，用竹扦穿起来。
3. 在盘中摆入南瓜盅，铺上海藻提取物，再将洗干净的蝾螺壳盛在里面。壳中摆上萝卜丝、青紫苏叶，将切好的蝾螺肉盛在上面，摆入蘘荷，加入穿起来的内脏和芥末。用小水萝卜和雕成青蛙模样的黄瓜装饰。

海螺刺身 →P080

材料

- 海螺—1 个
- 防风、切成螺旋状的胡萝卜、雕成枫叶状的红心萝卜—各适量
- 刺身魔芋（浒苔）—适量
- 蘘荷丝、紫苏芽、芥末—各适量

制作方法

1. 从壳中取出海螺肉并清理干净，去除内脏，用盐揉搓海螺肉，挤出黏液。蘘荷用水冲洗，擦去水分后使用削切法切成适量大小。
2. 用水冲洗海螺壳，擦去水分。
3. 在盘中摆入外壳，将切好的海螺肉盛在里面，用防风、切成螺旋状的胡萝卜、雕成枫叶状的红心萝卜装饰。在靠近自己的位置摆上做成彩纸造型的刺身魔芋，再添上蘘荷丝、紫苏芽、芥末，以及雕成枫叶状的红心萝卜。

烫扇贝的博多切法 →P081

材料

- 立帆贝—1个
- 酸橘（切片）—2片
- 圣女果（切片）—2片
- 萝卜苗、紫苏芽、芥末、花开三月的花序—各适量
- 雕成蝴蝶状的胡萝卜—1个

制作方法

1. 从贝壳中取出贝肉，去除裙边及泥肠，并清理干净。
2. 将贝柱用开水稍稍烫一下，迅速置入冰水中，冷却后横着切成3片，然后再切成两份。
3. 将切好的贝肉的其中3片中间夹上酸橘，另外3片中间加上圣女果，摆入盘中。再添上萝卜苗、紫苏芽、芥末、花序，用雕成蝴蝶状的胡萝卜装饰。

牛角蛤的博多切法 →P082

材料

- 牛角蛤—1个
- 款冬叶—1片
- 水菠菜—1片
- 酸橘（切成圆片）—适量
- 萝卜丝、紫苏芽、芥末—各适量
- 款冬花、切成螺旋状的胡萝卜、雕成蝴蝶状的胡萝卜、雕成花瓣状的西红柿—适量

制作方法

1. 从壳中取出贝肉，将内脏和裙边去除，清理干净后横着削成3片。
2. 将外壳清洗干净并擦去水分。在盘中铺上款冬叶子，再铺上水菠菜，将切好的贝肉夹着酸橘盛在上面。添上萝卜丝、紫苏芽、芥末，用切成螺旋状的胡萝卜、雕成蝴蝶状的胡萝卜、雕成花瓣状的西红柿作装饰。

牛角蛤的造型生鱼片 →P083

材料

- 牛角蛤—1个
- 萝卜丝、青紫苏叶—各适量
- 新鲜生姜、款冬、醋腌蘘荷—各适量
- 紫苏芽、芥末—各适量
- 柠檬—适量
- 青葱、苋菜、山萝卜、萝卜、黄菊—各适量

制作方法

1. 从壳中取出贝肉，从贝柱上剥去内脏和裙边，清理干净。
2. 将清理干净的闭壳肌切成数块。其中一块用厨刀划出网格状的刻痕，做成鹿斑造型。
3. 将裙边用盐仔细揉搓，冲洗干净，再用开水稍稍烫一下，擦去水分后切成适量大小。
4. 在大盘中放入萝卜丝，再将洗干净的外壳立在盘中，用萝卜丝铺满缝隙，盖上青紫苏叶，将第2步做好的贝肉盛在里面，将鹿斑造型的那一片放在靠近自己的位置。添上新鲜生姜、盐水煮过的款冬、醋腌蘘荷、紫苏芽、芥末。用苋菜、山萝卜、雕好的萝卜，以及黄菊的花朵装饰。
5. 在小钵中盛入第3步中做好的皮，添上柠檬，摆入大盘中。
6. 将青葱插入酒壶中，摆入大盘中做装饰。

小钵装刺身料理拼盘

大钵刺身 →P087

· 龙虾海鲜姿造
· 盒装海胆
· 海螺海鲜刺身
· 花造型乌贼
· 角切金枪鱼
· 平切鲷鱼
· 吉原造型白带鱼
· 削切鲍鱼

材料

- 龙虾—1 条
- 海胆—1 盒
- 海螺—2 个

- 商乌贼上身—1/3 只
- 金枪鱼肥肉—30g
- 鲷鱼上身—70g
- 处理好的带鱼—30g
- 鲍鱼上身—70g
- 鲍鱼内脏—适量
- 配菜（萝卜、胡萝卜、红心萝卜、黄瓜）—各适量
- 青紫苏叶—适量
- 装饰用配菜（雕成枫叶状的红心萝卜和黄瓜、切成螺旋状的胡萝卜、滨防风、沾水黄瓜、小水萝卜）—各适量
- 紫芽、芥末—各适量

制作方法

1. 切掉龙虾头部，剥掉虾壳，将虾身切成大块。在虾壳上铺上青紫苏叶，上面盛放切好的虾身，摆入盘中。
2. 在盒子里将海胆摆整齐，用切丝的配菜填满空隙。
3. 从壳中取出海螺肉，清理干净后剥开身子，取下内脏。用盐揉搓至黏液流出，用水冲洗，擦去水分后使用削切法切成适量大小。海螺外壳同样用水冲洗干净，擦干后将切好的海螺肉盛入。
4. 使用削切法将处理好的商乌贼上身切成适量大小，做成花的造型。
5. 将金枪鱼肥肉切成棒状，使用角切方法切成适量大小。
6. 使用削切法将处理好的鲷鱼上身切成适量大小。
7. 在处理好的带鱼皮上竖着划出刻痕，然后切成条状。
8. 在处理好的鲍鱼上身表面竖着划出刻痕，使用削切法切成适量大小。将鲍鱼内脏也切成适量大小。
9. 在大钵中铺满碎冰，铺上青紫苏叶，摆入步骤1～步骤8中做好的刺身。摆入装饰用的配菜，最后在青紫苏叶上摆放紫苏芽和芥末。

装在青竹里的刺身 →P088

· 皮霜技法制作红金眼鲷
· 平切拟鲹
· 削切三文鱼
· 平切鲷鱼

材料

- 红金眼鲷上身—25g
- 拟鲹上身—30g
- 三文鱼上身—30g
- 鲷鱼上身—30g
- 海藻面—适量
- 青紫苏叶—4 片
- 水萝卜圈、圣女果、滨防风、植物嫩叶、食用花、切成螺旋状的胡萝卜—各适量

制作方法

1. 将处理好的红金眼鲷鱼皮朝上放在有纵向纹路的木板上，向木板倾斜浇开水，鱼皮爆开后置于冰水中，冷却后擦去水分，再使用拉切法切成适量大小。
2. 使用拉切法将处理好的拟鲹上身切成适量大小。
3. 使用削切法将处理好的三文鱼上身切成适量大小。
4. 使用拉切方法将处理好的鲷鱼上身切成适量大小。
5. 在隔成4段的器皿中分别放入海藻面，盖上青紫苏叶，再分别盛入1～4步中做好的刺身。将雕好的圣女果、水萝卜圈、滨防风、植物嫩叶、食用花、切成螺旋状的胡萝卜等配菜摆入，并搭配好色彩。

鲷鱼和高体鰤，搭配花椒和薄荷叶的冷烟熏风 →P089

材料
- 鲷鱼上身—60g
- 花椒嫩叶—适量
- 高体鰤上身—50g
- 花椒嫩叶—适量
- 薄荷叶—适量
- 发热材料—2 个
- 芥末、柚子胡椒—各适量
- 刺身酱油（制作方法见 P174）、柚子醋酱油（制作方法见 P174）—各适量

制作方法
1. 使用削切法将处理好的鲷鱼上身切成适量大小。在盘中放入发热剂，装上网，网上铺满花椒嫩叶，将切好的鱼肉摆在上面。
2. 使用削切法将处理好的高体鰤上身切成适量大小。在盘中放入发热材料，装上滤网，在滤网上摆上薄荷叶，将切好的鱼肉摆在上面。
3. 另取容器将芥末和柚子胡椒、刺身酱油和柚子醋酱油盛在一旁。上桌后向发热剂中注水，花椒嫩叶和薄荷叶的香气会随着烟飘出。

南方初春，花造型的四色拼盘 →P090

· 金枪鱼瘦肉的花造型
· 鲷鱼的花造型
· 三文鱼的花造型
· 商乌贼的花造型

材料
- 金枪鱼瘦肉—40g
- 鲷鱼上身—40g
- 三文鱼上身—40g
- 商乌贼上身—40g
- 萝卜—1 根
- 青紫苏叶—4 片
- 咸鲑鱼子—适量
- 迷你樱桃萝卜—1 个
- 酸橘—1 个
- 黄瓜香—2 根
- 油菜花、香椿芽—各适量
- 金山寺味噌—适量
- 辣椒味噌（制作方法见 P207）—适量
- 蘘荷、滨防风—各适量

制作方法
1. 使用削切法将处理好的金枪鱼、鲷鱼、三文鱼、商乌贼切成适量大小。将切好的鱼肉稍稍重叠，从一端开始卷起，做成花的造型。
2. 将萝卜削皮做成盛器，挖4个小坑，铺上青紫苏叶，将四种鱼做成的花摆在上面，在商乌贼花上摆放咸鲑鱼子和迷你樱桃萝卜，再用切成两半的酸橘、煮过的黄瓜香和油菜花、香椿芽作装饰。
3. 另取容器将金山寺味噌、辣椒味噌盛在一旁，添上蘘荷、滨防风。

红金眼鲷和三文鱼鲜果拼盘 →P091

材料
- 处理好的红金眼鲷—20g
- 处理好的三文鱼—30g
- 菠萝—5 块
- 橘子—3 块
- 猕猴桃—3 块
- 西柚—3 块
- 土佐醋啫喱（制作方法见 P193）—适量
- 油菜花—2 株
- 小水萝卜（切片）—2 片
- 紫苏花—适量

制作方法
1. 将处理好的红金眼鲷切成棒状，用喷枪或直接用火烤鱼皮，然后置于冰水中，冷却后擦去水分，使用角切方法切成适量大小。
2. 将处理好的三文鱼切成棒状，然后使用角切方法切成适量大小。
3. 将菠萝横着摆放，挖出果肉，只留下上部，做成菠萝盅。将挖出的果肉切成小块。
4. 剥去橘子和西柚的外皮，将果肉切成块。将猕猴桃也剥皮后切块。
5. 将土佐醋啫喱做得稍硬一些，然后切碎。
6. 将1～5步中做好的食材盛在菠萝盅中，撒上土佐醋啫喱，用盐水煮过的油菜花、小水萝卜、紫苏花做装饰。

刺身奶酪吐司 →P092

材料

- 刺身（江珧蛤的闭壳肌、鲷鱼、三文鱼、金枪鱼）—各适量
- 迷你面包片—4 片
- 披萨用奶酪—适量
- 迷你樱桃萝卜、油菜花、山萝卜、细叶香芹、印度莴苣、食用花—各适量
- 对虾—1 只
- 酸橘（切成圆片）—1 片

制作方法

1. 准备江珧蛤的闭壳肌、鲷鱼、三文鱼、金枪鱼等刺身。可以用前一天剩余的生鱼片，也可以用海带腌制。
2. 将准备好的刺身盛在迷你面包上，放上披萨用奶酪，放入烤箱中烤。
3. 在烤好的面包上摆放迷你樱桃萝卜、油菜花、山萝卜、印度莴苣、食用花等装饰配菜。装盘，在盘中心摆上酸橘，再用煮过后做成小鸟模样的对虾装饰。

刺身烧卖 →P093

材料

- 金枪鱼、天使虾（去壳）、针鱼（上身）、牛油果、马肉（瘦肉）、鲍鱼（上身）、江珧蛤、三文鱼（上身）、虎豚的白子（煮沸的）、鲷鱼（上身）—各适量
- 烧麦皮—10 片
- 蚕豆（煮过的）、花椒嫩叶、鸭头葱（拍扁）、迷你樱桃萝卜、白发葱、可食用花、圣女果、山萝卜、紫苏花、鲷鱼皮（汆烫）、紫苏芽—各适量
- 迷你南瓜盅—1 个
- 金山寺味噌—适量

制作方法

1. 用10种刺身做成烧麦。将烧麦皮稍稍烫一下，置于冰水中，冷却后去除水分，准备好制作刺身后剩下的边角料，用烧麦皮包起来。
2. 用金枪鱼烧麦搭配蚕豆；用天使虾烧麦搭配花椒嫩叶；用针鱼烧麦搭配鸭头葱；用牛油果烧麦搭配迷你樱桃萝卜；在马肉烧麦中放入白发葱；用江珧蛤烧麦搭配可食用花；用鲍鱼烧麦搭配圣女果；用鲷鱼烧麦搭配山萝卜；用白子烧麦搭配紫苏花；用鲷鱼烧麦搭配鲷鱼皮和紫苏芽。
3. 将第2步中做好的烧麦摆盘。另取容器将金山寺味噌盛在迷你南瓜做成的碗中摆在一旁。

凉酒壶中的鲷鱼和比目鱼 →P094

材料

- 鲷鱼上身—35g
- 比目鱼上身—35g
- 萝卜丝、青紫苏叶、紫苏花序、紫苏芽—各适量
- 鸭头葱（切片）、萝卜泥拌辣椒粉—各适量
- 梅枝和桃枝、玫瑰花等时令花—各适量

制作方法

1. 选取鲷鱼和比目鱼等两种白身鱼，用削切法切成适量大小。
2. 在凉酒用的器皿的凹槽处摆上萝卜丝，盖上青紫苏叶，将切好的两种鱼肉分别盛入其中，再摆上花序和紫苏芽。另取容器将切碎的鸭头葱和萝卜泥拌辣椒粉盛在小盘中摆在靠近自己的位置。
3. 将水注入酒壶中，插上时令花。

刺身沙拉罐 →P095

材料

- 鱼、贝（金枪鱼、鲷鱼、章鱼、乌贼、魁蛤等），制作刺身后剩下的边角料—各适量
- 黄瓜、萝卜、胡萝卜、黄辣椒和红辣椒—各适量
- 醋调味汁*—适量
- 薄荷叶、紫苏芽、花椒嫩叶等—各适量

制作方法

1. 使用制作刺身后剩下的边角料，切成方块状。
2. 将蔬菜切成小块。
3. 将切好的鱼、贝放入瓶中，再放入切好的蔬菜。倒入醋调味汁，加入薄荷叶、紫苏芽、花椒嫩叶等带香气的材料。

* **醋调味汁**
材料（便于制作的量）

- 鲣鱼汤汁—160mL
- 淡口酱油—10mL
- 料酒—10mL
- 醋—10mL
- 白砂糖—1汤匙
- 鲣鱼花—20g

制作方法

- 将鲣鱼汤汁和其他调味料混合，开火煮沸后放入鲣鱼花、关火。过滤后用冰水冷却。

刺身串拼盘 →P096

· 白身鱼、烫凤尾虾、炖香菇
· 黄瓜、杏鲍菇、乌贼
· 鲍鱼、黄瓜香、金枪鱼
· 白煮芋头、煮竹笋、针鱼

材料

- 刺身（汆烫凤尾虾、白身鱼、乌贼、金枪鱼、鲍鱼、针鱼）—各适量
- 蔬菜（甜炖香菇*、杏鲍菇、黄瓜、黄瓜香、煮过的竹笋、白煮芋头）—各适量
- 醋味噌（制作方法见P187）、柚子醋酱油（制作方法见P174）、鲣鱼味噌（制作方法见P207）、刺身酱油（制作方法见P174）—各适量

制作方法

1. 使用制作刺身后剩下的边角料，切成大小基本一致的小块。
2. 准备多种口感和味道不同的蔬菜，切成与鱼肉同样大小。
3. 用竹扦将鱼肉和蔬菜均匀地穿在一起，做成4种刺身串，用挖了洞的竹子等做成器皿，将刺身串插在里边。另取容器将醋味噌、柚子醋酱油、鲣鱼味噌、刺身酱油盛在一旁。

* **甜炖香菇**
材料

- 干香菇—适量
- 汤汁（便于制作的量）
- 鲣鱼汤汁—150mL
- 白砂糖—1汤匙
- 浓口酱油—10mL
- 酒—10mL
- 料酒—20mL

制作方法

- 提前将干香菇用水泡一晚，将根部较硬的部分去掉，在汤汁中煮出味道。

生鱼片佐奶酪三拼 →P097

· 帕玛森风味鲷鱼
· 卡芒贝尔风味三文鱼
· 加工乳酪风味红鲕鱼

材料

- 鲷鱼上身—适量
- 三文鱼上身—适量
- 红鲕鱼上身—适量
- 帕玛森干酪、卡芒贝尔奶酪、加工奶酪—各适量
- 南瓜丝、圣女果、花椒嫩叶—各适量
- 水菠菜、菊花、雕成花瓣状的胡萝卜—各适量
- 结球莴苣、萝卜苗、雕成樱花状的萝卜、切成螺旋状的胡萝卜—各适量

制作方法

1. 使用削切法分别将鲷鱼、三文鱼、红鲕鱼切成适量大小。
2. 在鲷鱼上摆放帕玛森干酪；在三文鱼上摆放卡芒贝尔奶酪；在红鲕鱼上摆放加工奶酪，并在奶酪上烤出焦痕。
3. 将薄木片做成船形，铺上南瓜丝，将鲷鱼奶酪盛在上面。用圣女果和花椒嫩叶装饰。
4. 取一个船形薄木片，铺上水菠菜，将三文鱼奶酪盛在上面，用菊花和雕成花瓣状的胡萝卜装饰。
5. 取一个船形薄木片，铺上结球莴苣，将红鲕鱼奶酪盛在上面，用萝卜苗、添加了红色食用色素并雕成樱花状的萝卜和切成螺旋状的胡萝卜装饰。
6. 在盘中铺满碎冰，将3只木舟摆在上面。

豆腐台刺身拼盘 →P098

· 金乌贼的花造型
· 三文鱼的花造型
· 鲷鱼的花造型
· 金枪鱼瘦肉的花造型
· 比目鱼的鹿斑造型
· 削薄的江珧蛤
· 烧霜方法制作的鲉鱼
· 平切蝾螺

材料

- 金乌贼上身—30g
- 三文鱼上身—30g
- 鲷鱼上身—30g
- 金枪鱼瘦肉—35g
- 比目鱼上身—30g
- 江珧蛤—25g
- 处理好的鲉鱼—25g
- 蝾螺上身—25g
- 蝾螺肝—1 份
- 蝾螺生殖腺—1 份
- 莴苣—1 片
- 木棉豆腐—1 块
- 咸鲑鱼子—适量
- 萝卜苗、油菜花、鸡蛋、醋腌蘘荷、香椿芽、青紫苏叶、小水萝卜（切成圆片）、圣女果—各适量
- 芥末—适量

制作方法

1. 使用削切法将处理好的金乌贼切成适量大小。取 3 ~ 4 片错开叠放在一起，从一端开始卷起，再将一侧稍稍打开，做成花造型。用同样的方法将三文鱼、鲷鱼、金枪鱼做成花造型。

2. 将处理好的比目鱼上身做成彩纸造型，表面划出网状刀痕。

3. 将江瑶蛤贝柱切成薄片。

4. 在处理好的鲉鱼身上纵向划出两道刻痕，用喷烧器或直接用火烤出焦痕，然后置于冰水中冷却。取出后使用拉切法切成适量大小。

5. 用削切法将蝾螺肉切成薄片。放在青紫苏叶上，再将蝾螺肝和蝾螺生殖腺用水煮沸，擦去水分。

6. 在盘中铺上青紫苏叶，摆上控干水分的豆腐，再将1 ~ 5步中做好的刺身盛在上面。将咸鲑鱼子放在金乌贼花上。

7. 添上萝卜苗、用盐水煮过并涂满蛋液的油菜花、醋腌蘘荷、煮过的香椿芽、小水萝卜、圣女果等配菜。最后摆上芥末。

腌白菜风味海鲜卷 →P099

（鲑鱼 鲷鱼 高体鰤 鲬鱼）

材料

- 鲑鱼上身—15g
- 鲷鱼上身—10g
- 高体鰤上身—10g
- 鲬鱼上身—10g
- 腌白菜—1 ~ 2 片
- 青紫苏叶—1 片
- 蘘荷丝、荞麦芽儿—各适量
- 醋腌蘘荷、蕨菜—各 1 棵
- 樱桃萝卜（切成圆片）、雕成蝴蝶状的胡萝卜—各 1 片

制作方法

1. 将准备好的鲑鱼、鲷鱼、高体鰤、鲬鱼分别切成宽1cm左右的条状。

2. 腌白菜控干水分后放在保鲜膜上摊开，将切好的4种鱼肉用保鲜膜卷起后以不同颜色相间摆放。摆放整齐后放置一段时间，打开后切成适量大小。

3. 将切好的刺身卷切口朝上摆在盘中，在靠近自己的位置铺上青紫苏叶，用蘘荷丝、荞麦芽儿、醋腌蘘荷、煮过的蕨菜、樱桃萝卜，以及雕成蝴蝶状的胡萝卜装饰。

金枪鱼和三文鱼卷 →P100

材料

- 金枪鱼瘦肉—30g
- 三文鱼上身—30g
- 萝卜、胡萝卜、土当归、红辣椒—各适量
- 土当归、牛蒡、萝卜、大野芋头、青笋、黄辣椒—各适量
- 咸鲑鱼子、乌鱼子—各适量
- 智利辣酱油*—适量

制作方法

1. 将金枪鱼瘦肉和三文鱼切成4~5cm长的条状。
2. 将萝卜、胡萝卜、土当归、红辣椒切成4~5cm长的段，再切成薄片，浸入盐水中。泡软后用水洗净，然后擦去水分。
3. 将要被做成心的土当归、牛蒡、萝卜、大野芋头、青笋、黄辣椒切成同样长度的条状，煮过后擦去水分。
4. 将削成薄片的萝卜切成7~8cm长的段，将步骤1中的三文鱼、步骤3中的土当归和黄辣椒卷起。剩下的萝卜、土当归、红辣椒、蔬菜和鱼贝随意搭配，卷好后用牙签穿起来。
5. 将穿好的刺身卷立在盘中，倒入智利辣椒油，撒上咸鲑鱼子和磨碎的乌鱼子粉末，再摆入装饰用的胡萝卜。

* 智利辣椒油
材料（便与制作的量）

- 醋—3 汤匙
- 料酒—3 汤匙
- 白砂糖—3 汤匙
- 盐—2 小撮
- 蒜末—1/2 茶匙
- 豆瓣酱—1/2 汤匙
- 生马铃薯粉—1/2 汤匙

制作方法

- 将所有材料混合均匀后加热，开火煮至浓稠（煮2~3分钟即可）。

针鱼和沙丁鱼的紫藤造型 →P101

材料

- 沙丁鱼上身—半条
- 针鱼上身—半条
- 酸橘—1/4 个
- 紫苏芽、芥末—各适量

制作方法

1. 将处理好的沙丁鱼上身切成条状，稍稍重叠着横向摆放，再从中间竖着切开，切口处稍稍抬起，做成紫藤花的形状。
2. 将处理好的针鱼上身切成条状，稍稍重叠着横向摆放，再从中间竖着切开，将切口处向上抬起也做成紫藤花的形状。
3. 在盘中摆入用鱼肉做好的紫藤花，再添上酸橘、紫苏芽和芥末。

赤点石斑造型生鱼片 →P102

材料

- 赤点石斑鱼—1 条
- 南瓜丝、黄瓜丝、小水萝卜丝、萝卜丝、胡萝卜丝、蘘荷丝—各适量
- 青紫苏叶、紫苏芽、芥末、小水萝卜、紫苏花序、酸橘、切成螺旋状的胡萝卜—各适量

制作方法

1. 赤点石斑鱼刮鳞，除去鳃和内脏后用水清洗，擦去水分切成3片，保持头尾与脊骨相连。
2. 将切下的鱼肉一片去皮，使用薄切法切成适量大小。
3. 在另一片鱼肉上划出刻痕，用喷枪或直接用火烤出焦痕，再置于冰水中，冷却后取出，使用削切法切成适量大小。
4. 将脊骨上的头尾朝上摆放，垫在萝卜上用竹扦固定，摆入盘中。将青紫苏叶铺在脊骨上，将薄切的鱼片盛在上面，在脊骨上靠近手边的位置摆放烤过的鱼片。周围摆上黄瓜丝、小水萝卜丝、萝卜丝、胡萝卜丝、蘘荷丝。再添上小水萝卜、紫苏花序和酸橘。另取容器将芥末、紫苏芽和南瓜丝盛在一旁，用切成螺旋状的胡萝卜装饰。

木叶鲽造型生鱼片 →P103

材料

- 木叶鲽—1 条
- 圆白菜叶—1 片
- 红藻—适量
- 蘘荷丝、青紫苏叶、芥末—各适量
- 装饰用南瓜、小水萝卜、胡萝卜—各适量

制作方法

1. 木叶鲽刮鳞，取出鳃和内脏后用水洗净，擦去水分切成5片，保持头尾与脊骨相连。另将肝摆在一旁。
2. 将脊骨用竹扦穿起来，摆成舟的造型。
3. 切下的鱼肉去皮，切下背鳍，使用薄切方法将鱼肉切成适量大小。
4. 用水将鱼肝煮沸，切成适量大小。
5. 在盘中铺满碎冰，放入红藻，盖上圆白菜叶，将鱼骨舟摆在上面，再盛入切好的鱼片。向小钵中放入蘘荷丝，盖上青紫苏叶，盛入背鳍和肝，摆在靠近自己的位置。放入适量装饰用南瓜块、小水萝卜和胡萝卜，再添上芥末。

鲉鱼造型生鱼片 →P104

材料

- 鲉鱼—1 条
- 南瓜丝、萝卜丝—各适量
- 青紫苏叶—适量
- 萝卜苗、芥末、紫苏芽—各适量
- 去皮后雕成花形状的胡萝卜—1 个

制作方法

1. 鲉鱼刮鳞、除去鳃和内脏后切成3片，保持头尾与脊骨相连。
2. 剔除鱼腹部的细骨、小骨，在鱼皮上划出刻痕，用喷枪或直接用火烤出焦痕，置入冰水中冷却，取出后擦干水汽使用削切法切成适量大小。
3. 将脊骨上的头尾朝上摆放，垫在萝卜上用竹签固定，做成舟状。
4. 在盘中放入南瓜丝，再将鱼骨舟摆入，放入萝卜丝，盖上青紫苏叶，将切好的鱼片摆在上面。添上萝卜苗、芥末、紫苏芽。用去皮后雕成花形状的胡萝卜做装饰。

大翅鲪鲉造型生鱼片 →P105

· 用大翅鲪鲉皮和肝脏制作的柚子醋拌酱
· 大翅鲪鲉和竹笋的拌制品

材料

- 大翅鲪鲉—1 条
- 西柚—1 个
- 削皮的萝卜—1 根
- 萝卜丝、南瓜丝、蘘荷丝、青紫苏叶—各适量

大翅鲪鲉的皮和肝脏制作的柚子醋拌酱

- 大翅膀鲪鲉的皮和肝—适量
- 萝卜泥拌辣椒粉、柚子醋酱油—各适量
- 装饰用胡萝卜、青菜、圣女果—各适量

大翅鲪鲉和竹笋的拌制品

- 大翅鲪鲉制作刺身后剩下的边角料—适量
- 竹笋炖菜—适量

制作方法

1. 大翅鲪鲉刮鳞，除去鳃和内脏后切成3片，保持头尾与脊骨相连。剔除鱼身上的小骨，另将肝摆在一旁。
2. 一片鱼身去皮，使用薄切法切成适量大小。
3. 另外一片鱼身用喷枪或直接用火将鱼皮烤出焦痕，置于冰水中冷却，捞出后使用薄切法切成适量大小。
4. 将步骤2中剥下的皮和肝脏一同下锅煮沸，捞出后同萝卜泥拌辣椒粉混在一起搅拌，盛在小钵中，搭配柚子醋酱油，再用胡萝卜、青菜、圣女果作装饰。
5. 制作大翅鲪鲉和竹子的拌制品。使用制作刺身后剩下的边角料，切碎后和竹笋炖菜拌在一起，盛在小钵中。
6. 在盘中摆入削皮的萝卜，将脊骨上的头尾朝上摆入盘中，在脊骨上摆放萝卜丝、盖上青紫苏叶，将切好的鱼片盛在上面，再添上南瓜丝、蘘荷丝。将前两步中的小钵摆入，周围放上切成半月形的西柚。

隆头鱼的切片造型 →P106

材料

- 隆头鱼—3条
- 萝卜丝、青紫苏叶—各适量
- 南瓜丝、黄瓜丝、胡萝卜丝—各适量
- 芥末、紫苏芽、花椒嫩叶—各适量

制作方法

1. 将隆头鱼表面的黏液洗净，刮鳞，去除鳃和内脏后切成3片，保持头尾与脊骨相连。
2. 切下的鱼身去皮后使用削切和细切法切成适量大小。
3. 将脊骨上的鱼尾拧至鱼头处，用竹扦固定。
4. 在盘中摆放3条头尾相接的鱼骨，在脊骨上摆放萝卜丝、盖上青紫苏叶，将切好的鱼肉盛在上面。添上南瓜丝、黄瓜丝、胡萝卜丝、芥末、紫苏芽。在鱼肉上摆放花椒嫩叶。

鲳鱼的烧霜造型生鱼片 →P107

材料

- 鲳鱼—1条
- 萝卜丝、青紫苏叶、萝卜苗、紫苏芽、紫苏花序、芥末—各适量
- 可食用花、装饰用胡萝卜—各适量
- 削皮的青梗菜、苹果做的器皿—各适量

制作方法

1. 刮去鱼鳞，开腹去除鳃和内脏后用水洗净，擦去水分切成3片，保持头尾与脊骨相连。
2. 剔除鱼身上的细骨、小刺。用喷枪或直接用火将鱼皮烤出焦痕，置于冰水中冷却，取出后使用平切法切成适量大小。
3. 在盘中放入青梗菜，将脊骨上的头尾朝上摆入盘中，脊骨上摆放萝卜丝，盖上青紫苏叶，将切好的鱼肉盛在上面。在苹果做成的器皿中也铺上青紫苏叶，盛上鱼肉，摆在靠近自己的位置。添上萝卜苗、紫苏芽、紫苏花序、芥末。用可食用花和胡萝卜装饰。

舌鳎鱼的造型生鱼片 →P108

材料

- 舌鳎鱼—1条
- 南瓜丝、胡萝卜丝、黄瓜丝、蘘荷丝、红藻、萝卜丝—各适量
- 刺身魔芋（浒苔）—适量
- 舌鳎鱼卵—1条份
- 酒、料酒、酱油—各适量
- 鲣鱼味噌*—适量
- 醋味噌*—适量
- 辣椒味噌—适量
- 冻干的腌萝卜、芝麻酱—各适量
- 脊骨做成的骨仙贝—适量
- 萝卜苗、紫苏芽—各适量
- 韭黄—适量
- 调味汤汁（制作方法见P186）—适量

制作方法

1. 刮去舌鳎鱼鱼鳞，开腹去除鳃和内脏后切成5片，保持头尾与脊骨相连。
2. 剔除鱼身上的细骨、小刺和背鳍部分，用喷枪或直接用火将鱼皮烤出焦痕，置于冰水中冷却，取出后使用削切法切成适量大小。
3. 将脊骨上的头尾朝上摆放，用竹扦固定，做成舟的样子。
4. 在盘中摆放鱼骨舟，用红藻和5种切丝的配菜铺满，在靠近自己的位置摆放切好的鱼肉，添上刺身魔芋。
5. 另取器皿，将用酒和料酒和酱油制作的干烧鱼卵、鲣鱼味噌、醋味噌、辣椒味噌、冻干的腌萝卜、芝麻酱、脊骨制成的骨仙贝、萝卜苗、紫苏芽用调味汤汁煮过的韭黄盛在一旁。

＊ **鲣鱼味噌**

　材料（便于制作的量）

- 赤味噌—100g
- 蛋黄—1 个
- 白砂糖—30g
- 酒—30mL
- 料酒—20mL
- 干松鱼—5g

　制作方法

- 将调味料和蛋黄混合，微火熬制，完成后加入干松鱼搅拌。

＊ **醋味噌**

　材料（便于制作的量）

- 白味噌—200g
- 白砂糖—1 汤匙
- 蛋黄—1 个
- 料酒—30mL
- 酒—40mL
- 醋—120mL

　制作方法

- 将除了醋以外的材料混合，微火熬制，完成后加醋搅拌。

＊ **辣椒味噌**

　材料（便与制作的量）

- 白味噌—180g
- 白砂糖—15g
- 蛋黄—1 个
- 料酒—30mL
- 酒—40mL
- 辣椒粉—1 茶匙

　制作方法

- 将除辣椒粉以外的材料混合，微火熬制，完成后加入辣椒粉搅拌。

花尾胡椒鲷和马面鲀造型生鱼片 →P109

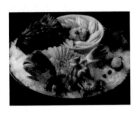

· 平切黄斑石鲷　皮霜技法
· 调制细切马面鲀　花造型

材料

- 黄斑石鲷—1 条
- 马面鲀—1 条
- 白甜瓜（切片果肉，做成甜瓜盅）—1 个
- 南瓜丝、萝卜丝、蘘荷丝—各适量
- 青紫苏叶、小树叶、蔬菜芽儿、芥末、酸橘、紫苏花序—各适量
- 紫圆白菜雕饰、胡萝卜雕饰、红辣椒、黄辣椒、圣女果—各适量

制作方法

1. 从黄斑石鲷头后方下刀切至胸鳍附近，将鱼身与头部切开，取出内脏，切下鱼肝。将头部清洗干净，擦去水分。剥下鱼皮，用水清洗鱼身后擦去水分，切成3片。

2. 剔除鱼身上的小刺和薄皮，使用细切和削切法切成适量大小。

3. 用厨刀拍打鱼肝，然后和使用细切法切好的鱼身拌在一起。另将使用削切法切好的鱼肉稍稍叠放在一起，从一端卷起，稍稍从一侧打开做成花造型。

4. 刮去马面鲀的鱼鳞，去除鳃和内脏，用水清洗后擦去水分，切成3片，保持头尾与脊骨相连。

5. 剔除鱼身上的小刺，切成适量大小。其中1/4连同鱼皮一起汆烫，鱼皮爆开后置于冰水中，冷却后擦去水分，使用拉切方法切成适量大小。剩下的鱼身去皮，使用

平切法切成适量大小。

6. 将脊骨上的头尾朝上摆放，垫在萝卜上用竹扦固定，做成舟的样子。

7. 在盘中铺满碎冰，将马面鲀的鱼头，在甜瓜盅中放入南瓜丝，盖上青紫苏叶，盛入拌好的鱼肝酱。在靠近自己的位置摆上鱼骨舟，铺上青紫苏叶，将使用拉切方法切好的鱼肉和烫过的鱼肉盛在上面。再用蘘荷丝填满空隙，盖上青紫苏叶。摆上做成花造型的黄斑石鲷。

8. 用小树叶、蔬菜芽儿、花序做装饰，再添上芥末和酸橘。适当使用削皮的紫色圆白菜、胡萝卜雕饰、红辣椒、黄辣椒、圣女果装饰。

红鲑鱼和红金眼鲷造型生鱼片 →P110

材料

- 红鲑鱼—1条
- 红金眼鲷—1条
- 萝卜丝、青紫苏叶—各适量
- 萝卜苗、紫洋葱丝、小水萝卜丝—各适量
- 芥末、紫苏芽、紫苏花序、雕成花形状的藕、切成螺旋状的胡萝卜、酸橘—各适量

制作方法

1. 将红鲑鱼切成3片，保持头尾与脊骨相连。剔除鱼身上的细骨，去皮后使用削切法切成适量大小。
2. 将红金眼鲷切成3片，保持头尾与脊骨相连。剔除细骨、小刺后，将1/3的鱼身去皮，使用拉切和削切法切成适量大小。使用喷枪将剩下鱼身上的皮肉烤出焦痕，然后置于冰水中冷却，取出后使用平切法切成适量大小。
3. 分别将两条鱼头尾朝上摆放，垫在萝卜上用竹扦固定，做成舟的样子。
4. 在盘中放入萝卜丝，将两只鱼骨舟摆入，铺上青紫苏叶，将切好的鱼肉分别盛入，加入萝卜苗、小水萝卜丝、紫洋葱丝、芥末、紫苏芽、紫苏花序、雕成花形状的藕、切成螺旋状的胡萝卜，以及酸橘。

鲑鱼和咸鲑鱼子拌菜 →P112

材料

- 三文鱼上身—30g
- 咸鲑鱼子—1汤匙
- 菠萝—适量
- 绿醋[*]—适量
- 醋腌蘘荷—适量
- 油菜花—适量

制作方法

1. 将三文鱼和菠萝切成小块。
2. 切好后摆盘，盛入咸鲑鱼子，添上切成小片的醋腌蘘荷与用盐煮过的油菜花，淋入绿醋即可。

[*] **绿醋**

材料

- 黄瓜—适量
- 土佐醋（制作方法见P174）—适量

制作方法

- 将黄瓜磨碎，控干水分后与土佐醋混合。

章鱼酱醋拌菜 →P113

材料

- 活章鱼的足（去皮）—40g
- 黄瓜—1/3根
- 醋味噌（制作方法见P187）—适量
- 枸杞、紫苏芽—各适量

制作方法

1. 准备好去皮的活章鱼足，在足上划出刻痕。
2. 黄瓜切片，用盐泡软后用水清洗干净，擦去水分。
3. 将前2步中做好的食材与醋味噌拌在一起，摆盘后用枸杞和紫苏芽装饰。

梅肉酱拌江珧蛤 →P113

材料
- 江珧蛤贝柱—1/4 个
- 江珧肝（煮沸）—
  1 个
- 梅肉—30g
- 煮至挥发的料酒—10mL
- 煮至挥发的酒—10mL
- 苋叶—适量

制作方法
1. 将江珧蛤贝柱和江珧肝切成小块。
2. 将梅肉放进煮至挥发的料酒和酒中调味，摆入盘中，用苋叶装饰。

活鱼生吃小海鳝 →P114

材料
- 星康吉鳝幼鱼（活的）—45g
- 削皮甜瓜—1 个
- 调和醋 *—适量
- 微型蔬菜—适量
- 可食用花—适量

制作方法
1. 准备好活鱼。
2. 甜瓜去皮、做成器皿摆在大钵中，再将小钵摆在甜瓜里，倒上调和醋，将小树叶垫在钵底。在大钵中也倒入水。
3. 将活鱼装进大钵中，撒上可食用花。

* **调和醋**
材料（便于制作的量）
- 鲣鱼汤汁—160g
- 淡口酱油—10mL
- 料酒—10mL
- 白砂糖—1 汤匙
- 醋—10mL
- 鲣鱼—适量
制作方法
- 将材料和调味料混合，开火煮沸后加入鲣鱼，关火过滤后冷却。

红蛤和日本大河芋 →P115

材料
- 红蛤—适量
- 日本芋头—适量
- 醋—适量
- 青紫苏叶—适量
- 鸭头葱（切片）、红叶萝卜泥、柚子醋酱油（制作方法见 P174）—各适量

制作方法
1. 将红蛤剁碎。
2. 将日本芋头削皮，捣碎。
3. 将剁碎的贝肉混在捣碎的日本芋头里，浸入醋中。
4. 在盘中铺满碎冰，铺上青紫苏叶，盛入从醋中取出的贝肉和日本芋头。另取容器添上鸭头葱、红叶萝卜泥和柚子醋酱油。

柿盅盛烤秋刀鱼和鲜菇、拌梅肉果冻 →P116

材料

- 处理好的秋刀鱼—适量
- 蟹味菇—适量
- 舞菇—适量
- 柿子—1 个
- 梅肉果冻（制作方法见 P196）—适量
- 大野芋头—适量
- 调味高汤（制作方法见 P185）—适量
- 红辣椒(切碎)、山萝卜—各适量

制作方法

1. 将柿子去蒂，挖出果肉做成柿子盅。
2. 用喷枪或直接用火将秋刀鱼皮烤出焦痕后，置于冰水中冷却，取出后擦干水分，切成适量大小。
3. 去除蟹味菇和舞菇根部较硬的部分，然后用火烤。
4. 大野芋头去皮，稍稍烫一下，然后浸入调味汤汁中，取出后切成小块。
5. 在盘中摆入柿子做的容器，将鱼肉与烤过的蟹味菇、舞菇，以及切好的大野芋头同梅肉果冻拌在一起摆入盘中，用红辣椒和山萝卜装饰。

烤带鱼、萝卜碎调和醋拌菜 →P117

材料

- 处理好的带鱼—40g
- 黄瓜—10g
- 萝卜碎调和醋*—适量
- 滨防风—适量
- 橘色辣椒（切成小块）—适量

制作方法

1. 用喷枪或直接用火将带鱼皮烤出焦痕后，置于冰水中冷却，取出后擦干水分，做成彩纸造型。
2. 将黄瓜切片，用盐泡软后再用水冲洗，之后控干水分。
3. 将做好的鱼和黄瓜混合，用萝卜碎调和醋拌在一起装盘，添上滨防风，撒上辣椒。

* **萝卜碎调和醋**

材料

- 土佐醋（制作方法见 P174）—适量
- 萝卜泥—适量

制作方法

- 将萝卜泥控干水分后与土佐醋混在一起。

秋刀鱼和黄瓜双拼 →P117

材料

- 处理好的秋刀鱼—适量
- 黄瓜—适量
- 汤汁—适量
- 土佐醋（制作方法见 P174）—适量
- 明胶片—适量
- 醋味噌（制作方法见 P187）—适量
- 红辣椒(切片)、山萝卜—各适量
- 醋腌蘘荷—1 颗

制作方法

1. 将盐撒在处理好的秋刀鱼身上，放置30分钟后将盐洗掉，擦去水分浸入醋中泡7～8分钟。
2. 黄瓜切片，用盐泡软后用水洗净，控干水分。
3. 汤汁和土佐醋混合，开火煮沸后关火，加入泡发的明胶片。
4. 在步骤3的混合物中加入步骤2中的黄瓜片。混合后倒入平底方盘中，再将第1步中泡好的鱼肉盛在上面摆好，将方盘置于冰箱中冷冻。
5. 从冰箱中取出后切成适量大小摆入盘中，搭配醋味噌，用红辣椒和山萝卜装饰，再放入醋腌蘘荷即可。

梅肉酱拌章鱼 →P118

材料
- 章鱼足—40g
- 紫洋葱（切片）—10g
- 黄瓜（切片）—10g
- 梅肉—10g
- 煮至挥发的料酒和酒—各适量
- 大野芋头、黄辣椒、红辣椒—各适量

制作方法
1. 用盐仔细揉搓章鱼足，揉出黏液后用水清洗，连同吸盘一起剥掉皮。用厨刀在章鱼身上划成蛇腹状的花纹，置于开水中汆烫，取出后置于冰水中，冷却后擦去水分。剥掉皮上的吸盘，同样进行汆烫。
2. 将紫洋葱过水后控干水分。
3. 用盐水将黄瓜泡软，洗净后擦去水分。
4. 将梅肉放入煮至挥发的料酒和酒中稀释，与章鱼肉、紫洋葱、黄瓜拌在一起盛在盘中。将大野芋头盛在吸盘上，用稍稍煮过的黄辣椒、红辣椒装饰。

蛋黄醋风味章鱼海螺双拼 →P118

材料
- 章鱼足（煮过的）—20g
- 海螺上身—30g
- 蛋黄醋果冻 *—适量
- 大野芋头—25g
- 调味高汤（制作方法见P182）—适量
- 醋腌蘘荷—1颗
- 雕成树叶状的冬瓜、紫苏花序—各适量

制作方法
1. 将章鱼足切成碎块。使用削切法将海螺肉切成适量大小。
2. 大野芋头去皮，稍稍烫一下，然后置于冰水中冷却，取出后浸入调味汤汁中。
3. 在盘中摆入切好的章鱼和贝肉，以及泡好的大野芋头。撒上切成小块的蛋黄醋果冻，再添上醋腌蘘荷。用雕成树叶状的冬瓜、紫苏花序装饰。

* **蛋黄醋果冻**
材料
- 蛋黄醋（制作方法见P174）—150g
- 土佐醋（制作方法见P174）—50mL
- 鲣鱼汤汁—100mL
- 白砂糖—10g
- 明胶片—1片
制作方法
- 将除明胶片以外的材料混合，开火煮沸后加入泡发的明胶片，搅拌后倒入平底方盘，放进冰箱里冷冻。

汆烫海鳗扁豆卷 →P119

材料
- 海鳗（切断骨头）—80g
- 扁豆角（盐水煮）—3颗
- 薤（醋腌）—1颗
- 圣女果—1个
- 嫩玉米（煮过的）—1个
- 玉味噌（制作方法见P190）—适量
- 山萝卜、紫苏花序—各适量

制作方法
1. 将准备好的海鳗切成10厘米长左右的段。置入开水中烫至身子爆裂开，再放入冰水中冷却，擦去水分。
2. 将海鳗鱼皮朝上摆放，再将扁豆角盛在上面，从一端开始卷起。用保鲜膜包起来放置一段时间待其固定。
3. 打开保鲜膜，将扁豆卷切成适量大小摆入盘中。用薤、圣女果、嫩玉米做配菜，搭配玉味噌。再用山萝卜和紫苏花序装饰。

梅肉酱拌海鳗 →P119

材料

- 海鳗（切断骨头）—50g
- 黄瓜（切片）—适量
- 梅肉—适量
- 胖大海、紫苏花序—各适量
- 秋葵—1 根

制作方法

1. 将处理好的海鳗放入开水中烫至身子爆裂开，再放入冰水中冷却，擦去水分。
2. 用盐水将黄瓜泡软，洗干净并擦去水分。

3. 将海鳗、黄瓜、梅肉搅拌后摆入盘中。添上泡发的胖大海、用盐煮过的秋葵，撒上紫苏花序。

河豚白子柑橘盅 →P120

材料

- 河豚白子—50g
- 丑柑（杂柑）—1 个
- 青紫苏叶、萝卜泥拌辣椒粉、鸭头葱（切片）、酸橘—各适量
- 切成螺旋状的黄瓜、雕成金鱼状的胡萝卜和萝卜—各适量

制作方法

1. 用盐仔细清洗河豚白子，置入开水中煮3~4分钟，待其表面凝固后置入冰水中，冷却后擦干表面水分，切成适量大小。
2. 切掉丑柑上面的部分，挖出果肉做成盅。

3. 在盘中摆上丑柑盅，铺上青紫苏叶，将河豚白子盛在上面，再添上萝卜泥拌辣椒粉、鸭头葱和酸橘。用切成螺旋状的黄瓜、雕成金鱼状的萝卜和胡萝卜装饰。

比目鱼拌乌鱼子 →P121

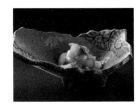

材料

- 比目鱼上身—30g
- 乌鱼子—适量
- 秋葵（切片）、用白酒腌的蕹（切片）、青笋、枸杞—各适量

制作方法

1. 用细切法将处理好的比目鱼切成适量大小，与揉开的乌鱼子拌在一起摆入盘中。
2. 撒上秋葵和用白酒腌制

的蕹，在顶端摆上青笋和枸杞。

烧云子 →P121

材料

- 鳕鱼白子—40g
- 黄瓜（切成薄片）—15g
- 萝卜泥拌辣椒粉、青葱（切碎）、红心萝卜（切碎）—各适量
- 酸橘—1/4 个
- 柚子醋酱油（制作方法见 P174）—适量

制作方法

1. 用盐水仔细清洗鳕鱼白子，除去黏液后放入开水中煮，置于冰水中冷却，取出后擦去水分。
2. 用盐水将黄瓜泡软，洗净后并擦去水分。
3. 在盘中摆入鳕鱼白子和黄瓜，添上萝卜泥拌辣

椒粉、酸橘、青葱、红心萝卜，顺着盘子边缘将柚子醋酱油倒入。

生海胆芥末果冻拌 →P122

材料
- 生海胆—40g
- 芥末果冻 *—适量
- 青西红柿—适量
- 长芋头—10g
- 红心萝卜（切片）、紫苏花序、山萝卜、萝卜苗—各适量

制作方法
- 将切成圆片的青西红柿铺在玻璃杯中，再将生海胆盛在上面，放入切丝的长芋头，用红心萝卜、紫苏花序、山萝卜、萝卜苗做配菜。搭配芥末果冻一同食用。

* 芥末果冻
材料（便于制作的量）
- 调和醋
- 汤汁—160mL
- 醋—10mL
- 淡口酱油—10mL
- 白砂糖—1 汤匙
- 鲣鱼干—适量
- 芥末粉末—5g
- 明胶片—半片
制作方法
- 用汤汁和调味料混合煮沸，放入鲣鱼做成调和醋。将 60mL 的调和醋煮沸后关火，加入泡发的明胶片，搅拌后再倒入剩下的调和醋，搅拌后放入冰箱冷冻。凝固后用勺搅拌，做成果冻状。

绿醋萤鱿 →P123

材料
- 萤鱿（煮沸）—5 条
- 蕨菜—适量
- 醋腌蘘荷—适量
- 大野芋头—适量
- 调味高汤（制作方法见P182）—适量
- 花椒嫩叶、紫苏花序—各适量
- 调和醋（制作方法见P209）—适量

制作方法
1. 去除萤鱿的眼睛和嘴。
2. 将大野芋头浸入调味高汤中煮过后摆入盘中，再将萤鱿盛入盘中，添上煮过的蕨菜和醋腌蘘荷，搭配调和醋一同食用。将花椒嫩叶和花序摆在最上面。

海藻汤汁酱油 →P123

材料
- 发芽的芜菁—50g
- 黄瓜（切片）—1/4 根
- 汤汁酱油 *—适量
- 山药泥—适量
- 小水萝卜丝—适量
- 紫苏花序—适量

制作方法
1. 将发芽的芜菁洗干净，用开水稍稍煮一下，变色后捞出，置于冰水中，冷却后擦去水分，切碎。
2. 用盐水将黄瓜泡软，洗干净并擦去水分。
3. 在盘中摆入芜菁和黄瓜，搭配汤汁酱油、山药泥、小水萝卜丝，撒上紫苏花序。

* 高汤酱油
材料（配比）
- 高汤—7
- 醋—1
- 淡口酱油—2
制作方法
- 将材料混合，开火煮沸一次后冷却。

三色沙丁鱼 →P124

· 沙丁鱼土佐醋啫喱拌菜
· 沙丁鱼醋味噌拌菜
· 沙丁鱼芥末酱油拌菜

材料
- 生沙丁鱼—30g
- 土佐醋啫喱*—适量
- 滨防风、生姜末—各适量
- 醋味噌（制作方法见P187）—适量
- 油菜花、枸杞—各适量
- 辣椒酱油*—适量
- 圣女果、萝卜苗、紫苏花序—各适量

制作方法
1. 用冰水清洗沙丁鱼，擦去水分。
2. 将洗好的沙丁鱼分成3份，盛在小钵中，分别搭配土佐醋啫喱、醋味噌、辣椒酱油。在加入土佐醋啫喱的沙丁鱼中加入滨防风和生姜末；在加入醋味噌的沙丁鱼中加入煮过的油菜花和枸杞；在加入辣椒油的沙丁鱼中加入圣女果和萝卜苗。最后用紫苏花序装饰。

＊ 土佐醋啫喱
材料（便于制作的量）
- 土佐醋（制作方法见P174）—100g
- 鲣鱼汤汁—250g
- 白砂糖—1汤匙
- 果冻粉—20g

制作方法
- 将土佐醋和鲣鱼汤汁混合，开火煮沸后加入白砂糖和果冻粉并搅拌，关火搅拌后放入冰箱中冷冻。凝固后用勺搅拌成碎冻状。

＊ 黄芥末酱油
材料
- 刺身酱油（制作方法见P174）—适量
- 黄芥末汁—适量

制作方法
- 将两种配料混合搅拌，可以依照自己的喜好增减辣味。

河豚刺身拼盘（7种）→P126

· 河豚佐海胆
· 细切河豚针柚子拌菜
· 河豚配调和油
· 河豚拌石莼海苔拌菜
· 河豚拌明太鱼
· 河豚拌盐海带
· 松露盐平切河豚

河豚佐海胆
材料
- 河豚上身—35g
- 生海胆—适量
- 刺身酱油（制作方法见P174）

制作方法
1. 将处理好的河豚切成小块。
2. 将切好的河豚盛入盘中，再将生海胆摆在上方，倒入少量的刺身酱油。

细切河豚 针柚子拌菜
材料
- 河豚上身—30g
- 针柚子—适量
- 萝卜泥—适量
- 盐—适量
- 萝卜碎、切成螺旋状的胡萝卜—各适量

制作方法
1. 用细切法将处理好的河豚切成适量大小。
2. 将针柚子和萝卜泥混合，再与河豚拌在一起，用盐调味，摆入盘中后撒上萝卜碎，用切成螺旋状的胡萝卜做装饰。

河豚配调和油
材料
- 河豚上身—40g
- 西葫芦—1/4根
- 腰果—1汤匙
- 橄榄油—2茶匙
- 蒜末—半瓣
- 盐—适量

制作方法
1. 将处理好的河豚使用平切法切成适量大小。
2. 将西葫芦切成条，撒一点盐。
3. 用平底锅干烧腰果。
4. 将前3步的成品混合，加上橄榄油和蒜末拌在一起，用盐调味后摆盘。

河豚拌石莼海苔拌菜

材料

- 河豚上身—30g
- 石莼—10g
- 藕仙贝—1 片

制作方法

- 使用细切法将处理好的河豚切成适量大小，与石莼拌在一起装入盘中，再添上藕仙贝。

河豚拌鳕鱼子

材料

- 河豚上身—30g
- 鳕鱼子—适量
- 细葱丝—适量

制作方法

- 使用细切法将处理好的河豚切成适量大小，

与煮沸的鳕鱼子拌在一起装入盘中，添上细葱丝。

河豚拌盐海带

材料

- 河豚上身—25g
- 盐海带—适量
- 老海带—适量

制作方法

- 将处理好的河豚切成细长条，与盐海带拌在一起装入盘中，再放入老海带。

松露盐平切河豚

材料

- 河豚上身—30g
- 松露盐*—适量

- 圣女果、切成螺旋状的胡萝卜—各适量

制作方法

1. 使用削切法将处理好的河豚切成适量大小。
2. 在切好的鱼身上撒少量的松露盐，拌好后装入盘中，添上圣女果和切成螺旋状的胡萝卜。

* 松露盐

材料

- 松露—适量
- 盐—适量

制作方法

- 用微波炉将松露烤干，与平底锅干烧的盐混合，放在蒜臼中捣磨。

图书在版编目（CIP）数据

日本刺身料理进阶全书/（日）大田忠道著；梁京译. —北京：中国轻工业出版社，2020.7
ISBN 978-7-5184-2861-8

Ⅰ.①日… Ⅱ.①大… ②梁… Ⅲ.①海产品－菜谱－日本 Ⅳ.① TS972.126

中国版本图书馆 CIP 数据核字（2019）第 289781 号

责任编辑：卢　晶　　责任终审：劳国强　　整体设计：锋尚设计
策划编辑：高惠京　　责任校对：吴大鹏　　责任监印：张京华

出版发行：中国轻工业出版社（北京东长安街6号，邮编：100740）

印　　刷：北京博海升彩色印刷有限公司

经　　销：各地新华书店

版　　次：2020年7月第1版第1次印刷

开　　本：787×1092　1/16　印张：13.5

字　　数：250 千字

书　　号：ISBN 978-7-5184-2861-8　定价：98.00元

邮购电话：010-65241695

发行电话：010-85119835　传真：85113293

网　　址：http://www.chlip.com.cn

Email：club@chlip.com.cn

如发现图书残缺请与我社邮购联系调换

180712S1X101ZYW